塔额盆地小麦绿色高效栽培技术

聂石辉　张新忠　张建平　主编

中国农业科学技术出版社

图书在版编目（CIP）数据

塔额盆地小麦绿色高效栽培技术 / 聂石辉，张新忠，张建平主编. —北京：中国农业科学技术出版社，2020. 9

ISBN 978-7-5116-5035-1

Ⅰ. ①塔… Ⅱ. ①聂… ②张… ③张… Ⅲ. ①小麦—高产栽培—栽培技术 Ⅳ. ①S512.1

中国版本图书馆 CIP 数据核字（2020）第 183543 号

责任编辑 金 迪 张诗瑶
责任校对 李向荣

出 版 者 中国农业科学技术出版社
北京市中关村南大街12号 邮编：100081
电 话 （010）82109194（编辑室） （010）82109702（发行部）
（010）82109709（读者服务部）
传 真 （010）82109698
网 址 http: // www.castp.cn
经 销 者 各地新华书店
印 刷 者 北京地大天成文化发展有限公司
开 本 710mm×1 000mm 1/16
印 张 10.25
字 数 190千字
版 次 2020年9月第1版 2020年9月第1次印刷
定 价 56.00元

《塔额盆地小麦绿色高效栽培技术》

编 委 会

主　编　聂石辉（新疆农业科学院粮食作物研究所）
张新忠（新疆农业科学院粮食作物研究所）
张建平（额敏县农业技术推广中心站）

副主编　李　静（新疆维吾尔自治区农业技术推广总站）
刘明明（额敏县农业技术推广中心站）
梁晓东（新疆农业科学院粮食作物研究所）

编　者（按姓氏笔画排序）
马　源　王　仙　毛淑琦　代　盼　古丽江·阿日甫加
龙海涛　刘恩良　刘联正　李琼诗　芮红亮　余红梅
周安定　赵风兰　赵红玲　特力克·朱努斯　徐其江
梁新玲　曾潮武　雷　钧　雷钧杰

前　言

塔额盆地是新疆维吾尔自治区的重要粮仓，优越的自然地理条件、规模化种植、机械化程度高、收储加工能力强等因素促进了小麦产业的快速发展，小麦产业在农业生产中占据着举足轻重的地位。盆地内小麦栽培模式、病虫草害同北疆其他产区既有相似之处又有所不同，随着小麦供给侧结构性改革的持续推进，生产成本、人力资源等因素的变化推动了小麦种植由单纯以高产为目标向绿色、优质、高产、高效、轻简化栽培转变，而且规模化种植、订单生产、全程机械化也会进一步发展。编者对近10年塔额盆地内小麦生产情况进行了大量调研，系统地总结了科技培训、生产指导过程中种植户所关心的问题，利用新疆小麦育种家额敏基地这一“院县共建”的平台及2 000亩试验示范田进行了各种试验、示范，组织了各方专家总结实践经验后编写了该著作。

本书介绍了塔额盆地小麦生产中常见的栽培技术、病虫草害、自然灾害等问题，这些问题看似复杂，实际上只要了解其产生原因、发生规律，在生产过程中稍加注意就能有效地解决这些问题，达到节本增效的目的。

本书旨在作为塔额盆地区域内小麦绿色高效栽培技术指南，内容涉及栽培、土壤肥料、病虫草害的识别和绿色综合防治等，可以作为塔额盆地及同一生态区（如阿勒泰、伊犁部分区域等）从事小麦生产的农业推广工作者、种植户、合作社、种业公司、新型职业农民等人员的参考资料。

本书在编写过程中得到了新疆维吾尔自治区额敏县县委、县政府的关心和帮助，以及额敏县农业农村局各部门的大力支持，在实施“额敏小麦绿色高质高效创建项目”及“国家小麦产业技术体系乌鲁木齐综合试验站项目”过程中也检验了本著作中各项技术的适宜性，积累了大量的生产实际样本。此外，本地企业，如新疆禾力种业有限公司、额敏县鼎力农业发展有限公司、额敏春禾丰种业、新疆天山面粉额敏有限公司、新疆新天骏面粉有限公司、额敏农佳乐有限公司等也提出了许多宝贵意见。

本书多数作者都在塔额盆地小麦生产、推广的一线工作，特别是额敏县农业技术推广中心站的蔡小杰、柴玉梅两位推广研究员，在撰稿、审稿过程提出了宝贵意见，书中一些重要内容也来自他们的生产实践经验，并且其所在单位的同事也做了许多具体工作，在此一并表示感谢。

本书部分内容参考了国内外一些专著并结合塔额盆地小麦生产实际进行了编译，由于编者水平有限，书中疏漏和不足之处在所难免，敬请读者批评指正。

编　者

2020年5月

目　录

第一章 塔额盆地小麦生产的概况

塔额盆地位于新疆维吾尔自治区（简称新疆，全书同）准噶尔西部山地的塔尔巴哈台山、乌尔嘎萨尔山（北）与巴尔鲁克山（南）之间。海拔400～1 200m，面积840km^2，是一个山间断陷盆地。地势向西南倾斜，最低处位于额敏河下游国境线附近，海拔400m左右。辖区主要为额敏县、塔城市、裕民县、兵团第九师全境及托里县部分区域，近20年小麦面积在140万～200万亩（1亩≈667m²，15亩=1hm²，全书同）波动。辖区内无大型污染企业，生活污水也是经过处理后达标排放；大气环境质量优良，二氧化硫、氮氧化物浓度日平均小于0.05mg/m^3；总悬浮颗粒浓度日平均小于0.15mg/m^3，土壤重金属如铅含量小于0.1mg/L、汞含量小于0.001mg/L，是理想的优质小麦绿色生产区。

整个塔额盆地由山川、丘陵、冲积平原、沼泽地等组成，自然条件复杂多样，土壤以栗钙土、棕钙土、亚高山草甸土为主。其中棕钙土、潮土占农区土壤的80%。土层深厚，土质较好，潮土的肥力略高于棕钙土，潮土中有机质1.42%～2.85%，碱解氮34～65mg/kg，速效磷5～18mg/kg，速效钾128～340mg/kg，pH值在8.0～8.8，总盐量低于0.4%，土壤质地以壤质、沙壤质为主，适宜多种作物生长。

塔额盆地内各县市无论自然气候条件、栽培品种及栽培技术都很相似，本章主要以最具代表性的额敏县为例对塔额盆地内小麦生产概况进行概述。

第一节　额敏县自然资源及农业生产基本情况

（一）概况

额敏县位于东经83° 24′～85° 10′，北纬46° 9′～47° 3′，地处准噶尔盆地西北部边缘，塔额盆地东部，属大陆性温带气候，全县土地总面积9 531.9km^2，境内三面环山，自然隔离条件好，水、土、大气洁净程度高，工业污染源少，具有发展绿色产品的产地优势。额敏县共有16.7万余人，聚居着汉族、哈萨克族、维吾尔族、回族等22个民族。全县辖5个镇、6个乡、4个牧场、1个国有农场和1个良种场。可耕地面积为230万余亩，年耕种面积180万余亩。

（二）地形地貌

额敏县大致可分为三大地貌单元，有低山丘陵区、洪积—冲积平原区、额敏河冲积平原区，它包含以下6种类型。

1. 低山带

海拔在1 000～1 100m，以干旱剥蚀及侵蚀作用为主，降水相对较多，是额敏县较好的春秋牧场。

2. 丘陵区

位于低山带之下，海拔在900～1 000m，为丘陵草原地带，现部分区域已开垦为耕地。

3. 洪积—冲积平原区

海拔在600～900m，坡度较大，上部坡度约30°、坡降为1%～2%，下部坡度约10°、坡降为0.3%～0.5%，以蒿草植被为主，覆盖度不大，土壤中含有砾质，土层厚薄不一，以厚层土居多，是额敏县主要的农业生产区。

4. 额敏河冲积平原区

上户镇旧址以西、额敏河两岸为主，地势平坦，微地貌略有起伏，禾本科杂草为主要植被，地下水位较高，部分区域有盐碱化发生。

5. 洼地

额敏河冲积平原下部，阿克苏河、库鲁木苏河尾端。由于水流不畅，来水量较大，形成苇湖或干沼泽地带。

6. 沙包

主要分布在额敏县风线区，玛热勒苏镇幸福之花村及吉也克村等，由于山谷风刮来大量沙石，形成沙堆、沙丘，以固定沙包为主。

（三）水系、水文地质

额敏县主要为灌溉农业。水资源总量为12.56亿m^3。

1. 地表径流

额敏地区地表径流皆发源于南北两山，主要由降水和泉水补给，全县大小水河沟共34条，其中萨尔也木勒河、喀拉也木勒河等几条大型河流年径流量达1亿m^3以上，全县地表水年径流量在10.06亿m^3左右。额敏河由多条支流汇集而成，从东向西贯穿全县。地表径流量的变化规律：洪水期在每年3月下旬形成，洪峰较大，但汛期较短，多为1～2个月。5月以后，径流量逐渐减少，春季水量约占全年的39%，枯水期出现在11月至翌年2月，其流量占全年流量的7%。历年地表径流的变化趋势为春水有余，夏水不足，秋水奇缺，冬季冰封。

2. 地下径流

额敏县地下水储量约2.5亿m^3，山区是地下水的补给区，洪积—冲积平原是地下水的径流区，额敏河冲积平原区是地下水的排洁区。地下水来源于大气降水、山地雪水、灌溉渗漏水等，矿化度不高，一般为1.31g/L，埋藏深度随地形地貌而异，丘陵区30～100m、洪积—冲积平原区10～50m、潜水溢出带1～20m，近年来，由于过度开采地下水，地下水位普遍下降。

（四）气候状况

额敏县属温带大陆性气候，其特点是四季明显，春季升温不稳定，冷暖波动大，夏季炎热而短促，秋季降温迅速，冬季寒冷漫长，降水季节明显，冷空气活动频繁，全年盛行东北风，大风日数多，降水量少（年均

270mm），蒸发量大（年均2 800mm），全年太阳总辐射571.8kJ/cm^2，日照2 832h，≥10℃的积温2 400～2 900℃，年平均气温6.2℃，无霜期145d，灾害性天气主要有干旱、干热风、倒春寒、大风、冰雹等。

（五）土壤情况

额敏县农区主要土壤有棕钙土、潮土约占农区土壤的85%以上，其次还有栗钙土、风沙土、盐碱土等，约占15%。

棕钙土多分布于海拔600～900m的洪积—冲积平原区中上部，成土母质主要是洪积—冲积物和黄土状物质，该土类占农区土壤的38.2%左右。由于干旱、地表覆盖度小、有机质矿化强烈、土壤质地较粗、结构多为粒状或块状，土壤肥力中等偏低。碱解氮30～35mg/kg，速效磷12～15mg/kg，速效钾290～320mg/kg，有机质14～18g/kg，pH值为8.0～8.2。

潮土多分布在额敏河冲积平原区和洪积—冲积平原区下部洼地区域，占农区土壤的23.55%，成土母质主要是冲积物。地下水位多在1～5m，洼地区域地下水矿化度略高，因该土壤通透性较差，土壤矿化程度相对较弱，土壤肥力相对较高。碱解氮33～38mg/kg，速效磷14～18mg/kg，速效钾315～330mg/kg，有机质17～23g/kg，pH值为8.1～8.3。

（六）额敏县农业生产概况

额敏县气候独特，风光秀丽，资源丰富，盛产玉米、小麦、甜菜、打瓜（籽瓜）、加工番茄、油菜、油葵、大麦、红花、亚麻、大豆、黑加仑、各类蔬菜等农副产品，是自治区级粮食、油料、甜菜生产基地。

2010年以来全县年均种植优质冬、春小麦40万～60万亩，玉米80万～100万亩，打瓜7万余亩，大麦0.3万亩、加工番茄0.7万余亩，甜菜3.5万余亩等，油料面积2万余亩，其他作物6.5万亩左右，总播面积达到180万亩。其中小麦平均单产在368.4kg/亩（施肥水平为尿素30kg/亩，磷酸二铵20～25kg/亩，硫酸钾1～5kg/亩）。

第二节　额敏县小麦产业现状及发展对策

（一）额敏县小麦生产现状

1. 气候条件

额敏县属温带大陆性气候，降水季节明显，降水多集中在4—6月，对小麦生长有利，小麦幼穗分化好，灌浆时间长，灌浆成熟期间很少有干热风出现，千粒重高。冬季积雪较稳定，有利于冬小麦的安全越冬，因此，额敏县也是北疆冬春麦兼种区之一。

2. 春小麦面积增加，冬小麦面积下滑

年播种面积40万～60万亩，春麦为主，冬麦面积由2013年的27万亩减少到2015年的8.5万亩，后又恢复至12万亩左右。随玉米面积的急剧增加（从2010年的20万亩到2018年的120万亩），加上2016年气候因素导致额敏县春小麦穗发芽现象严重，小麦面积下滑严重。另外，中晚熟玉米茬口晚于冬麦播种的最佳时期，冬前牲畜踩踏、啃食现象时有发生，连年重茬导致雪腐病、雪霉病发生概率加大，冬麦面积也在持续下滑。

3. 小麦单产水平逐步提高

2010年以前小麦单产水平基本维持在350kg/亩左右，2008年因受旱灾低至187kg/亩，近几年单产水平维持在370kg/亩左右，新冬18号的高产纪录达650kg/亩。但平均单产同临近的第九师（生产建设兵团）相比仍有10%左右的差距，这主要是兵团的机械化水平、种植标准化程度高。额敏县小麦的单产水平仍有较大的提升空间。

4. 种植小麦品种以中筋、中弱筋品种为主

近10年额敏县春小麦种植品种以中筋品种为主，强筋小麦面积偏低，品种种类较多、较杂，生产上主要有新春6号、新春11号、永良15号、宁春16号、宁2038、新春17号、新春29号、新春37号、新春44号等10余个春小麦品种，新冬17号、新冬18号、新冬22号、新冬33号等冬小麦品种。优质强筋、弱筋专用小麦种植面积较少。但随小麦供给侧结构性改革持续推进，优质小

麦品种面积逐步扩大。

近些年随着政府部门、新疆小麦育种家额敏基地、种业公司、加工企业的努力，额敏县小麦的良种覆盖率逐步提高，但也存在生产用种源头不明确、种子质量参差不齐的现象。

5. 小麦生产规模化程度较高

额敏县小麦种植具备规模化生产、标准化生产和机械化生产的能力，机械化作业率在95%以上，大型机械、滴灌设施等基础条件较好。而且合作社、承包大户的连片种植面积较大，有的可达数千亩连片，这也可以从一定程度上降低小麦生产成本。

（二）额敏县小麦产业存在的主要问题

1. 优质专用小麦品种较少

以春麦为例，生产上大面积用的品种多达10个，但长期以来优质强筋、优质弱筋品种面积较小，面粉企业用以配粉的基础小麦所占比例较少，有的小麦品种虽在推广时定为强筋小麦，但因生态区域问题等因素影响，生产出来的粮食达不到面粉企业要求，出现“强筋不强”现象。冬麦面积较少也直接影响了面粉企业对作为基础小麦新冬22号的收购。另外，饼干、蛋糕等烘焙用优质弱筋粉小麦品种生产几乎没有，额敏县哈萨克族群众历来有做烘焙食品的习惯，弱筋粉也有一定的市场空间。

2. 生产管理粗放，生产成本持续走高

由于种植者素质差异，以及品种多样化，很难做到栽培技术同品种配套。农民习惯于多年形成的种植模式，生产上认为多施底肥、多施尿素就能高产，甚至不分生育时期盲目喷施叶面肥、生长调节剂，对节本增效的施肥管理技术认识不到位。同周边团场的种植水平相比差距较大，有进一步提升的空间。

农资价格走高，地租等生产资料增加，盲目投入生产资料，导致生产成本高，比较效益降低，小户小规模种植空间被进一步压缩。未来小麦生产规模化经营可能会是一种趋势。

3. 品种混收混储

由于小麦种植一家一户、单个农户种植面积有限，且农户根据自己喜好决定种植什么样的小麦品种，导致一村数个品种出现，粮食收储部门很难做到按品种单收单储，这也会导致同一粮仓数个品种混杂，造成面粉品质下降，加工品质不稳定。

4. 偏求白粒小麦

由于白粒小麦丰产性较好，面粉白度较高，在20多年前粮食紧缺的年份不管是政府、企业还是农民，对小麦的第一需求是产量，导致额敏县甚至自治区生产上几乎见不到红粒小麦品种。而白粒小麦的最大缺点是休眠期短，抗穗发芽能力极弱，如遇到2016年收获季降水多的情况极易导致穗发芽，红粒小麦抗穗发芽能力明显优于白粒小麦。

5. 小麦产业化发展较慢

额敏县虽为小麦种植大县，但小麦产业化发展水平较低，种植—销售—收储—加工环节衔接较薄弱，一面是粮库小麦库存和加工企业所需优质麦难以得到满足，另一面是农民卖粮难，容易形成恶性循环。不能实现优质优价策略，额敏县生产的小麦丰产而品质差导致各大面粉企业不乐意收购，生产的面粉质量同昌吉回族自治州的吉木萨尔县、奇台县、木垒县三县相比差距较大，以内销为主，外销较为困难。额敏县和第九师的面粉企业年加工能力在25万t左右，单额敏县新天骏面粉厂的年加工能力就达15万t，但受优质强筋小麦面积少而不稳定的制约，很难满负荷生产。

（三）额敏县发展绿色优质小麦的优势

1. 自然生态优势

生态条件适宜小麦的生产，而且境内三面环山，自然隔离条件好，水、土、大气洁净程度高，工业污染源少，具有发展绿色产品的产地优势。气候条件同新疆维吾尔自治区奇台县、内蒙古自治区河套地区相比都有较大优势。小麦种植区最高海拔也在1 000m左右，符合生产优质小麦的生态条件。

2. 科技优势

新疆农科院小麦育种家额敏基地的落成以及同额敏县农业技术部门的合作将对额敏县未来小麦产业的发展产生重要影响，育种家基地依托新疆农业科学院，拥有较强的专业技术力量，在小麦遗传育种、作物栽培、植物保护、粮食加工、土壤肥料等研究领域处于优势地位，可进行多学科协作攻关，具有优质专用小麦生产的科技优势。

3. 规模优势

通过农业专业合作社、土地托管、国有农场及政府部门、种业公司、科研单位的合作，可以引导农民建立原粮生产基地，进行有效产业化开发，实现集约化生产，配合大型面粉加工企业拓宽优质专用粉市场，建立产供销一体化体系。

4. 市场优势

我国优质强筋小麦市场需求较大，优质强筋小麦多用于主粮，面包专用粉中强筋麦的配比较高一般为70%左右，普通粉根据季节等变化搭配使用强筋麦。据预测，每年我国优质强筋小麦的需求量在2 000万t左右，市场缺口在1 000万t左右，做强塔额盆地优质强筋小麦产业对“走出去”战略具有重要意义。

（四）政策建议

1. 加强优质品种推广

小麦供给侧结构性改革会进入常态化，自治区也已审定多个优质、高产、抗病的品种，加强推广已有优质强筋小麦品种，同时加强各主栽品种的技术示范，结合科研部门探索主栽品种的配套栽培技术，探索良种良法，农机农艺结合，以保证核心品种优质、高产和抗性特征的充分发挥。

2. 加大“三圃田”建设力度

“三圃田”建设对防止品种退化，提高品种纯度，保证生产品种品质稳定性具有重要意义。但由于标准化“三圃田”投入大于产出且对技术门槛要求较高，种业公司很难做到，这也直接影响供应市场品种的质量，甚至在目前生产上用的个别品种存在不同“版本”问题。目前额敏县进行“三圃田”标准化生产的单位仅有农科院小麦育种家额敏基地。建议政府部门建立严格种子来源追溯制度，从“育种家种子”—“原原种”—“原种”—“大田用种”进行追溯，严格把握种子质量关。同时建议政府设立专项资金支持通过小麦育种家基地建立标准化“三圃田”来带动种业公司的制种质量。

3. 优质专用小麦品种引种示范

短期目标：同小麦育种家额敏基地引进优质专用小麦品种试验示范，筛选适宜额敏县种植的优质春小麦，审定推广。

长期目标：加强品种创新，选育适宜额敏县的优质冬春小麦品种。因育种是一项系统工程，一个新品种的选育推广需要少则7年，多则十几年，但针对额敏县的地理生态特点，亟须优良品种的选育。

引种优质红粒春小麦品种，因其抗穗发芽能力强，品质受气候影响变化的程度远低于白粒春小麦。用作配麦加工附加值也具有较大优势，以内蒙古自治区为例，河套牌雪花粉25kg装的市场价格在235～430元（单价9.4～17.2元/kg），如此高的产品价格，市场却供不应求，其中用的主要基础麦就是优质红粒春小麦，其附加值远高于额敏县市场上的小麦粉（单价3.6～3.8元/kg）。

4. 巩固冬小麦种植面积

通过高效栽培技术集成运用，以及政策引导如地补增加等措施扩大冬小麦种植面积，加大新冬18号、新冬22号优质强筋冬小麦的种植面积，以满足面粉加工企业优质原料。

5. 建立政府—科研单位—种业公司—合作社（种植户）—收储企业—面粉加工企业的合作模式及信息共享机制

由面粉企业提出生产用品种要求；科研单位（小麦育种家基地）推荐品种并针对品种特点制订栽培技术措施，建立标准化“三圃田”向种业公司供应“原种”；政府及收储企业制定优质优价政策引导合作社（种植户）种植，力争做到一村一品，打造数个千亩示范基地；收储企业“单品单收，单品单储”。县农业技术部门联合小麦育种家科技人员做好推广、宣传和技术指导工作。

6. 创品牌，走出去

面粉企业创优质品牌，结合额敏绿色有机特点，依托县政府部门及农科院小麦育种家力量，试点建立原粮生产基地。引导面粉企业发展专用粉深加工，延长产业链，如拉条子专用粉、烤馕专用粉（自治区馕产业化发展形势一片大好）、面包粉、饺子粉、全麦粉等，借鉴其他地区成功模式，将优质产品打出去。从而提高小麦加工附加值，提高小麦生产和加工的比较效益，带动农户积极种植，促进额敏县小麦标准化、机械化、规模化、集约化生产。

第三节　塔额盆地小麦生产中的品种简介

1998—2020年的20余年，塔额盆地小麦生产中品种的演变对小麦产业的发展起到了关键作用。截至2020年，自治区、兵团审定加外引的冬春小麦品种用于生产的有100余个。而由于塔额盆地独特的自然地理条件、栽培措施的变化（如漫灌改滴灌）、冬麦多数区域无播前水和冬灌水、冬春小麦无法同北疆其他麦区“播种—铺设滴灌带”一条龙作业等种种因素限制，大面积应用于生产的品种剩10余个。下面简要介绍20余年生产中发挥重要作用的冬春麦品种，以及这些品种在塔额盆地生产中表现的特点。

（一）冬小麦品种

1. 新冬17号

〔选育单位〕新疆农垦科学院作物所。

〔审定时间〕1994年通过新疆维吾尔自治区审定。

〔品种特点〕中晚熟，生育期278d左右，大穗，穗长9～10cm，株型紧凑、茎秆粗壮，株高100cm左右、偏高，穗成熟后红色、口紧、籽粒白色，千粒重40g左右、容重790～830g/L，中筋型品种、面粉白度和延伸性俱佳，在塔额盆地丰产性、适应性都佳；一般亩产500kg地块亩收获穗数40万穗左右，单穗粒重1.3g左右。

〔其他特点〕多雨年份轻感锈病和白粉病；水肥较高地块需要化控以防倒伏；因冬麦面积下滑及小麦供给侧结构性调整等因素，目前塔额盆地生产上面积较小。

2. 新冬18号

〔选育单位〕新疆农业科学院粮食作物研究所。

〔审定时间〕1995年通过新疆维吾尔自治区审定。

〔品种特点〕中熟，生育期275d左右，株型紧凑利落，株高90～95cm，白壳，白粒，籽粒椭圆形、半角质，抗寒能力强，抗倒能力一般，抗锈病和白粉病，千粒重45～48g，容重810～820g/L，中强筋—强筋型品种，为现阶段塔额盆地第一大冬麦品种，受种植户和面粉加工企业喜爱；一般亩产500kg地块收获穗数可达43万穗以上，单穗粒重1.3g左右。

〔其他特点〕口略松，落黄较好，多雨年份且在下潮地种植会偶发籽粒黑胚病；水肥较高地块需进行化控以防倒伏；目前塔额盆地生产上主要栽培品种，占冬麦总面积95%以上。

3. 新冬22号（又名奎冬5号）

〔选育单位〕新疆生产建设兵团第七师农业科学研究所。

〔审定时间〕1999年通过新疆维吾尔自治区审定。

〔品种特点〕早熟，生育期265d左右，株型紧凑，株高85～90cm，抗倒伏能力较强，口松，白壳，白粒，千粒重48～50g，容重780～800g/L，强筋品种，特别受面粉加工企业欢迎；一般亩产500kg地块收获穗数可达45万穗以上，单穗粒重1.2g左右，但对栽培管理措施要求较高，推广面积较低。

〔其他特点〕越冬性一般；早熟，前期发育较快易受倒春寒影响；多雨年份易感白粉病；栽培上需要早管理并做好雪腐病、雪霉病预防措施。塔额盆地近几年受各种自然灾害影响及栽培方式（漫灌改滴灌）的影响导致该品种零星种植。

4. 新冬33号

〔选育单位〕新疆石河子农科中心粮油所。

〔审定时间〕2009年通过新疆维吾尔自治区审定。

〔品种特点〕中熟，生育期274d左右，较新冬18号早熟1d，植株整齐，株高75～80cm，抗倒伏能力较强，白壳，白粒，千粒重53g，容重792g/L，中筋品种；一般亩产500kg，单穗粒重可达1.95g，丰产性较好，曾经塔额盆地主推品种之一，现种植面积较低。

〔其他特点〕越冬性一般；栽培上需要早管理并做好雪腐病、雪霉病预防措施。塔额盆地近几年受各种自然灾害及栽培方式（漫灌改滴灌）的影响导致该品种种植面积下滑。

（二）春小麦品种

1. 新春6号（国审麦980011）

〔选育单位〕新疆农业科学院核技术生物技术研究所。

〔审定时间〕1993年通过新疆维吾尔自治区审定，1998年通过国家审定。

〔品种特点〕早熟品种，生育期95～100d，株高85cm，大穗型，白粒，籽粒椭圆形，穗长9cm左右，穗纺锤形，长芒，护颖白色无茸毛，中抗锈病和白粉病，籽粒易感黑胚病，茎秆较硬，抗倒伏强，耐干热风。

〔产量和品质〕沉降值33.1mL，面团形成时间4～5min，稳定时间6.5min，面包评分83.6，吸水率63.4%，评价值54，为中筋—中强筋型品种，籽粒蛋白质含量15.3%，湿面筋含量36.7%。穗粒数30～32粒，千粒重47～50g，容重820g/L。一般亩产450kg以上；曾经为塔额盆地第一大春小麦品种，但因品种退化及黑胚率偏高等原因，目前塔额盆地生产上零星种植。

2. 新春11号

〔选育单位〕石河子大学农学院。

〔审定时间〕2002年通过新疆维吾尔自治区审定。

〔品种特点〕中熟偏晚品种，生育期100～110d，籽粒白色、椭圆形、角质，千粒重37～42g，容重780～800g/L，穗纺锤形，稀播时穗微具大头棒状，穗白色，护颖无茸毛，白色长芒，长10cm左右，主穗粒43～50粒，有小穗16～18个，口紧不易落粒，株型紧凑，株高75～85cm，抗倒伏能力极强；抗白粉病和锈病。

〔产量和品质〕在塔额盆地风线区曾经广泛种植；对水肥不敏感，适应性广，在中上等肥力条件下一般亩产450～500kg，若在较冷凉的春麦区种植，更能充分表现出超高产潜力，具有亩产700kg以上的产量潜力；品质属中筋—中强筋型品种；目前塔额盆地生产上零星种植。

3. 永良15号

〔选育单位〕宁夏永宁县小麦育种繁殖所。

〔审定时间〕2000年通过宁夏回族自治区审定。

〔品种特点〕早熟品种，生育期95～100d，幼苗直立茁壮，叶色浓绿，叶片短宽上举，株型紧凑，茎秆细韧，株高80～90cm，穗纺锤形，长白壳，小穗排列较紧密，穗长9～10cm，每穗小穗数17～19个，小穗着粒3～5粒，穗粒数35～40粒，粒小、呈琥珀色，色泽亮，大小均匀，硬质饱满，容重高（821～850g/L）；耐青干，抗干热风，抗锈病和白粉病，抗倒伏能力强。口松，收获不及时易落粒。

〔产量和品质〕口松，稳产性佳，一般产量450kg/亩以上，高水肥条件可达600kg/亩以上，千粒重年际变化小。蛋白质含量13%～16%，湿面筋34.1%，沉降值38.3mL，吸水率63.6%，中强筋型品种；目前塔额盆地生产上有一定面积，且面积有扩大趋势，但不适宜在风线区种植。

4. 宁春16号

〔选育单位〕宁夏农林科学院农作物所。

〔审定时间〕1992年通过宁夏回族自治区审定。

〔品种特点〕早熟品种，生育期95～100d，株高90cm左右，株型紧凑，穗纺锤形，籽粒白皮、饱满，千粒重45g左右，灌浆速度快，抗锈病和白粉病，抗青干、落黄好，抗倒伏能力较强。植株幼苗直立，叶色浓绿，生长势强，叶片长宽适中，旗叶上举，全分蘖早、多，成穗率高；塔额盆地沿山区旱田及水源不足区主栽品种，占旱地春小麦总面积95%以上。

〔产量和品质〕口松，不适宜在风线区种植，雨养旱田一般产量250～350kg/亩，水浇地450～550kg/亩，稳产性好；中强筋型品种。

5. 新春17号

〔选育单位〕新疆农业科学院核生物技术研究所。

〔审定时间〕2005年通过新疆维吾尔自治区审定。

〔品种特点〕早熟品种，生育期95～100d，株高85cm左右，根系发达，茎秆坚硬，抗倒伏，抗病性较强，前期生长较快，分蘖成穗率较多，灌浆时间较长，长芒，白壳，无茸毛，籽粒白色、卵形、硬质，植株耐盐碱性好，千粒重47～50g，容重800g/L，穗粒数40粒左右，属大穗丰产优质型品种。

〔产量和品质〕一般亩产在450～500kg，水肥条件中上的地块丰产潜力可达550kg/亩以上，丰产性较突出，增产潜力较大；中强筋型品种；曾作为新春6号搭配品种在塔额盆地种植较大面积，但目前品种已退市。

6. 新春29号

〔选育单位〕新疆农业科学院粮食作物研究所。

〔审定时间〕2008年通过新疆维吾尔自治区审定。

〔品种特点〕中晚熟品种，生育期天数110d左右，幼苗直立，株高85cm左右，整齐度较好。穗纺锤形，口紧，穗长9.4cm左右，小穗数17个左右，结实小穗数15个左右，穗粒数44粒左右，长芒，白壳，颖无茸毛；籽粒白色、角质，千粒重41g左右，容重802g/L。抗锈病和白粉病，多雨季节籽粒易感黑胚。

〔产量和品质〕抗倒伏能力强，生长势好，稳产性好，一般亩产450～500kg，有亩产600kg以上的产量潜力；曾经为塔额盆地主栽品种之一，中筋型品种；因面粉加工企业优质优价策略及小麦供给侧结构性调整，目前塔额盆地种植面积较小。

7. 新春37号

〔选育单位〕新疆农业科学院核生物技术研究所。

〔审定时间〕2012年通过新疆维吾尔自治区审定。

〔品种特点〕早熟品种，生育期95～100d，芽鞘绿色，幼苗直立，叶色深绿，株高85cm，抗倒伏性一般，落黄好。穗纺锤形，长芒；护颖白色，无茸毛，椭圆形，肩方，嘴锐，脊明显；穗长9.8cm左右，每穗小穗16～18个，其中不孕小穗1～2个，中部小穗结实3～4粒，穗粒数35～40粒，籽粒白色、卵圆形、饱满、腹沟深度中等，千粒重46g左右，容重800～810g/L，抗锈病和白粉病。

〔产量和品质〕稳产性好，一般亩产450kg，有600kg/亩以上的产量潜力；中强筋型品种，目前塔额盆地优质麦加价品种，种植面积较大。

8. 新春43号

〔选育单位〕新疆农业科学院粮食作物研究所。

〔审定时间〕2015年通过新疆维吾尔自治区审定。

〔品种特点〕中熟品种，生育期105d，株高94cm左右。穗层整齐，穗纺锤形，长芒，白壳，穗长9.5cm左右。小穗数18个，结实小穗数17个，穗粒数44粒，千粒重47.37g，容重795g/L，黑胚率1.5%，籽粒白色、角质，落粒性中。抗倒伏能力较强，稳产性好，适宜范围广。高抗锈（条、叶）病和白粉病。

〔产量和品质〕稳产性、丰产性俱佳，一般亩产450～550kg，有600kg/亩以上的产量潜力；属中强筋型品种；现阶段塔额盆地生产上有一定种植面积。

9. 新春44号

〔选育单位〕新疆农业科学院核生物技术研究所。

〔审定时间〕2016年通过新疆维吾尔自治区审定。

〔品种特点〕早熟品种，生育期95～100d，芽鞘绿色，幼苗直立，叶色浅绿，株高88cm，抗倒伏性强，落黄好。穗纺锤形，芒长中等；穗长10～11cm，穗粒数45.9粒，籽粒白色、卵圆形、饱满、腹沟深度中等，千粒重48.8g左右，容重813g/L，抗锈病和白粉病。

〔产量和品质〕口松，不适宜在风线区种植，丰产性和稳产性较好，一般亩产500kg，有600kg/亩以上产量潜力；优质中强筋型品种，目前塔额盆地优质麦加价品种，推广潜力较大。

10. 宁2038（国审麦2014021）

〔选育单位〕宁夏农林科学院农作物研究所。

〔审定时间〕2014年通过国家审定。

〔品种特点〕中早熟品种，生育期98～102d，株高85cm，抗倒伏能力一般，成熟落黄好。穗纺锤形，长芒，白壳，白粒，籽粒硬质、较饱满，口松，成熟期易落粒。亩穗数40.8万穗、穗粒数31.6粒、千粒重48.1g，容重802g/L；抗锈病，中感白粉病。

〔产量和品质〕口松，不适宜在风线区种植，稳产性、丰产性俱佳，一般亩产450kg以上，有600kg/亩以上的产量潜力；属中筋型品种；现阶段塔额盆地生产上有一定面积，仅次于新春37号。

11. 粮春1201

〔选育单位〕新疆农业科学院粮食作物研究所、新疆九立禾种业有限公司。

〔审定时间〕2018年通过新疆维吾尔自治区审定。

〔品种特点〕中熟品种，生育期103d左右，株高85.67cm。有效分蘖率58.13%，穗纺锤形，长芒，白壳，穗长10.26cm。结实小穗数17.54个，穗粒数47.94粒，千粒重40.04g，容重796g/L，黑胚率0.60%，籽粒白色。抗倒伏能力好，高抗锈（条、叶）病，高抗—中抗白粉病，稳产性好，适宜范围广。

〔产量和品质〕粮春1201为优质中强筋型品种，一般亩产450～500kg，有600kg/亩以上的产量潜力；为新审定品种，具有一定推广价值。

12. 粮春1242

〔选育单位〕新疆农业科学院粮食作物研究所、新疆九立禾种业有限公司。

〔审定时间〕2018年通过新疆维吾尔自治区审定。

〔品种特点〕中熟品种，生育期102d，株高90.18cm。有效分蘖率60.30%，穗纺锤形，长芒，白壳，穗长9.75cm。结实小穗数17.12个，穗粒数53.37粒，千粒重42.52g，容重801g/L，黑胚率0.57%，籽粒白色。抗倒伏能力好，高抗（条、叶）锈病和白粉病，稳产性好，适宜范围广。

〔产量和品质〕粮春1242为优质中筋拉面型品种，一般亩产450～500kg，有600kg/亩以上的产量潜力；为新审定品种，具有一定推广价值。

第二章 小麦的生长发育特点

第一节 图解小麦

（一）小麦的籽粒形态结构

小麦的籽粒为不带外稃的颖果，粒型为卵圆或椭圆，顶端生有冠毛，背面隆起，背面基部有一尖起的胚；腹部较平，中间有一条凹陷的沟叫腹沟，其深度和宽度品种间差异较大（图2-1）。

图2-1 小麦籽粒的背部和腹部

籽粒可以分为3个主要部分（图2-2），麦皮（果皮、种皮和糊粉层）、胚乳和胚（包含盾片、胚芽和胚根）。一般来说，麦皮占整个籽粒干物质的10.6%～15.3%，胚乳占籽粒干物质的77%～85%，胚占籽粒干物质的1.4%～3.8%；成熟的籽粒大约70%均为碳水化合物，碳水化合物中97%为淀粉，蛋白质的含量与籽粒最终的重量有关，一般为8%～15%。

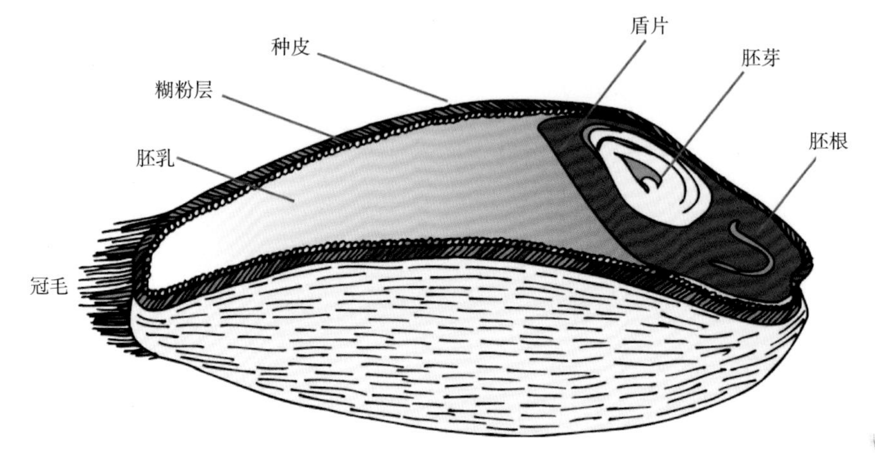

图2-2　小麦籽粒结构

（二）小麦植株构成

小麦植株主要包括胚芽鞘、叶、分蘖、茎、根和穗等结构（图2-3）。胚芽鞘主要在第一片叶片破土而出时提供保护，叶（图2-4）主要包括叶鞘（包裹新产生的叶片）、叶片以及连接叶鞘和叶片的叶枕（包括叶舌和叶耳），叶舌是叶枕基部无色部分，叶耳是叶枕基部凸出并带有小茸毛的部分，这一特征应该是禾本科植物所特有的，而且可根据叶耳的颜色对部分品种加以辨别。叶片按照一定的规律互生于茎的两侧，最后一片叶子称为旗叶。

分蘖是主茎侧边的分支，由叶腋部分的芽发育而来。

小麦的茎包括节和节间，节是叶片、根、分蘖或小花与茎相交的部位，节间连接不同节，节间的伸长引起茎或植株的生长。

小麦的根（图2-5）主要包括种子根（主根）和次生根，种子根是由胚直接发育而形成的，包括4～5条；次生根是在幼苗长出3片叶后从分蘖节上长出的根，一般比种子根短而粗且每产生一个分蘖就会生出3～5条次生根。

图2-3　小麦的旗叶、穗、穗下节、茎节

图2-4　小麦的叶鞘、叶耳和叶舌

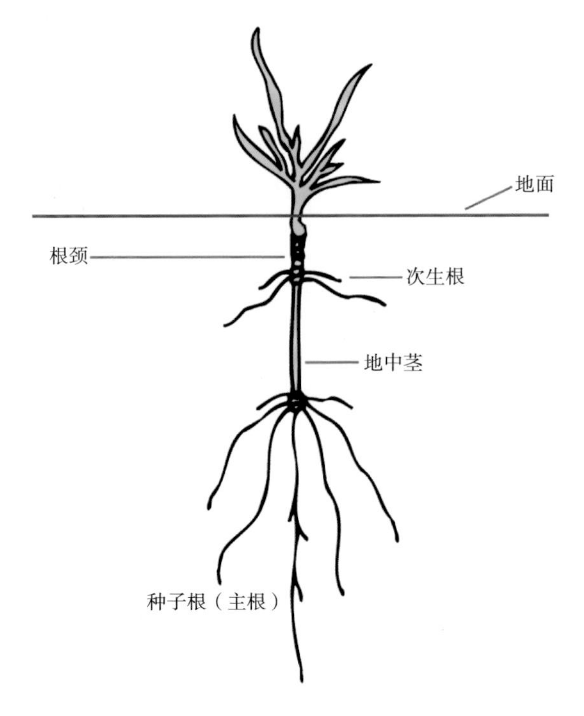

图2-5　苗期小麦的根结构（Anderson and Garlinge，2000）

小麦穗部的穗轴（也是茎的一部分）由很多节和短的节片构成，在节上生长有小麦的花器：小穗，每个小穗包括3～5个甚至是10个小花（图2-6）。

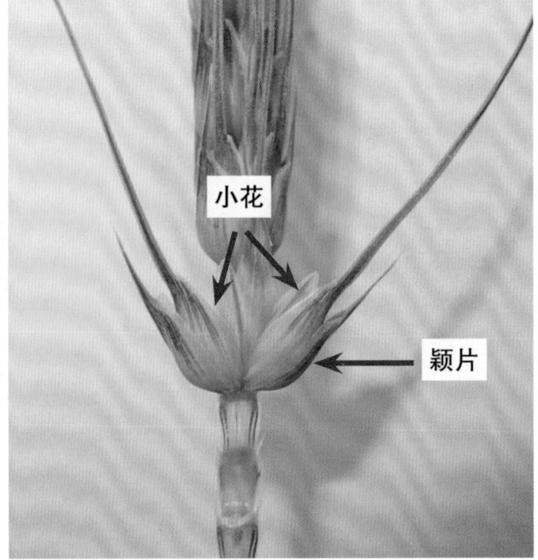

图2-6　小麦穗结构

第二节　小麦的发芽阶段

小麦一生中，必须经过几个循序渐进的质变阶段，才能由营养生长转向生殖生长，完成生活周期，这种阶段性质变发育阶段称为小麦的阶段发育。每个发育阶段均需要一定的综合的外界条件，如水分、温度、光照、养分等，其中，有1～2个因素起主导作用。如果缺少这个条件或不能满足要求，则这个发育阶段就不能顺利进行或中途停止，待条件适宜时，再在原先发育的阶段上继续进行。小麦必须有顺序地通过各个发育阶段，生殖器官才能正常分化形成和抽穗结实。

种子的萌发从种子吸水开始，一直到胚根突破种皮为止（图2-7），主要包括3个阶段，即吸水萌动阶段、内部物质与能量转化阶段、胚根突破种皮阶段。

吸水萌动阶段。起始于种子吸收周围环境中的水分（可以是土壤中的水分，当空气中的水分含量很高时也可以吸收空气中的水分）。一般来说当小麦种子含水量达到其干重的35%～45%时开始萌发。

内部物质与能量转化阶段。小麦的胚吸水膨胀后产生植物激素，各种酶开始活化，将胚乳中的淀粉和蛋白分解为糖和氨基酸等水溶性物质，为胚的生长提供能量。注意：在胚生长之前，如果种子重新变干，当条件适宜时仍可继续萌发。

图2-7　小麦籽粒萌发过程

胚根突破种皮阶段。当胚根生长到一定程度，突破种皮，紧接着，其余的主根和胚芽鞘也相继出现，主根向下胚芽鞘向上生长。胚芽鞘包裹在幼苗外侧，并一直随着幼苗生长，直到露出土壤才停止，此时的胚芽鞘的直径大约2mm，长度达到50mm。

影响种子萌发和出苗的因素主要有以下几个方面。

（一）休眠

小麦种子经过一个相对短暂的休眠之后就可以萌发。白粒（白皮）小麦种子的休眠时间一般较短，很容易就被打破而进入萌发阶段；红粒（红皮）小麦的休眠时期较长，可达到3～7个月，其休眠与种皮红色相关的花青苷酶有关。

（二）水分

土壤的含水量直接影响种子萌发。湿润的土壤有利于种子的萌发，但当土壤湿度达到永久萎蔫点（土壤水势等于或低于植物根的水势）时，种子的萌发速度减缓（图2-8）。种子吸水之后进入萌动阶段但还没进入发芽阶段时，如果土壤变干种子仍能保持活力，等水分恢复之后可继续萌发。种子萌发的这种自动启停机制对旱地干播小麦生产至关重要，这种现象对塔额盆地冬小麦无冬前灌水播种具有重要指导意义。

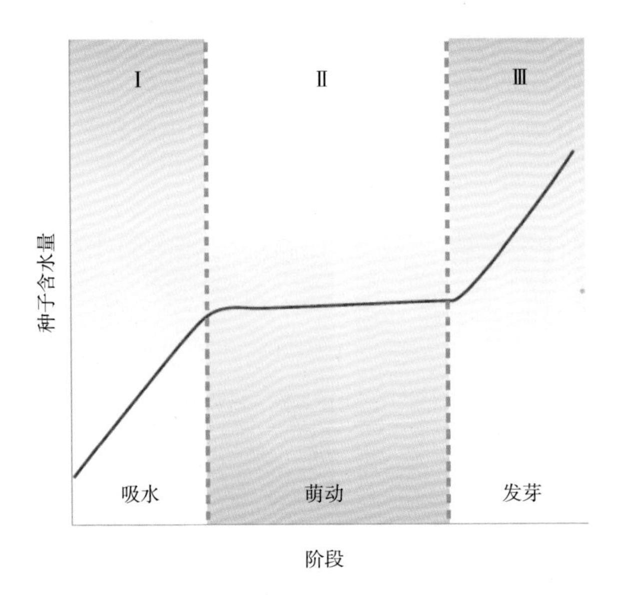

图2-8　小麦籽粒吸水模式（Passioura，2005）

（三）温度

小麦种子萌发的适宜温度在12～25℃（4～37℃均可萌发）。但种子的萌发速率与积温有关，当>0℃有效积温达到35℃时，种子可完成萌发。如在日平均7℃的环境里，5d能完成萌发（7℃×5=35℃）；10℃的环境里大约需要3.5d；如果在室温（25℃），一般第二天就能够看到胚根或胚芽。胚芽鞘的形态建成与土壤或环境温度直接相关，温度过高或过低，胚芽鞘都会明显变短，土壤温度在10～15℃时，胚芽鞘可长至最大长度。

（四）氧气

种子萌发过程中需要快速吸收氧气，没有足够的氧气供应，种子会腐烂死亡。如果土壤含氧量低于20%时，种子萌发会受到抑制。萌发过程中，种子吸水会使种皮软化，从而能够从周围环境中吸收氧气。淹水的地里小麦种子由于不能吸收足够的氧气，而不能萌发并导致最终死亡。

（五）种子质量

种子早期萌发依赖其所储存的能量，因此种子保存完好与否与种子萌发直接相关。种子分级筛选是保证种子萌发质量的有效手段。同一品种种子大小不同虽然都能萌发，但大粒或饱满的种子具有较强的生长势，后续能够产生更多的有效分蘖，从而对产量带来正面影响。

（六）胚芽鞘的长度

相比于种子大小，胚芽鞘的长度更容易受品种影响。半矮秆小麦一般含有*Rht1*或*Rht2*基因，这些基因普遍影响了胚芽鞘的长度（一般小于70mm），同时也降低了种子活力。如果播种太深，短胚芽鞘的品种可能有部分分蘖不能冒出土壤，从而导致分蘖数减少。

第三节　小麦的营养生长阶段

小麦的营养生长阶段主要包括根、叶和分蘖的生长。当形态建成（萌发和出苗）之后，植株就开始了营养生长。在这个过程之中，根、叶和分蘖继续生长，并开始为后续的生长发育贮存营养。营养生长主要体现在叶片、茎的数目和体积的增大，从而产生更多的生物量。

（一）主根的生长（图2-9）

根系的功能主要是吸收土壤养分和水，为植株的生长提供能量。小麦的根系包括两类：主根系和次生根系。种子萌发之后产生的胚根是最早出现的主根，随后在第一条主根两侧产生另外两条主根，此时大约对应小麦发育的两叶期。由于品种之间的差异，该时期一般会产生2～5条主根，但大部分都拥有3条，最多的也可以产生8条。这些主根在次生根出现之前一直发挥着主要作用，最终其生长深度可以达到2m；在大多数情况下，次生根会逐渐取代主根的作用为植株提供能量，但有些逆境条件（如干旱）会抑制次生根的生长，这时主要靠主根来吸收营养物质。

（二）次生根的生长（图2-9）

小麦的次生根大约在其出现分蘖的时候开始形成，发生的部位可以是分蘖茎上，也可以是主茎上，此时对应小麦发育的三叶期至四叶期。次生根在发育的初始阶段显现为白色并带有光泽，其深度一般位于土表下的0.2～0.5cm。根的发育可以一直持续到小麦的开花期，此时不管是主根系还是次生根系均产生大量的侧根。分蘖上根的数目与分蘖叶片的发育直接相关，随着叶片数目的增加，根的数目也逐渐变多。

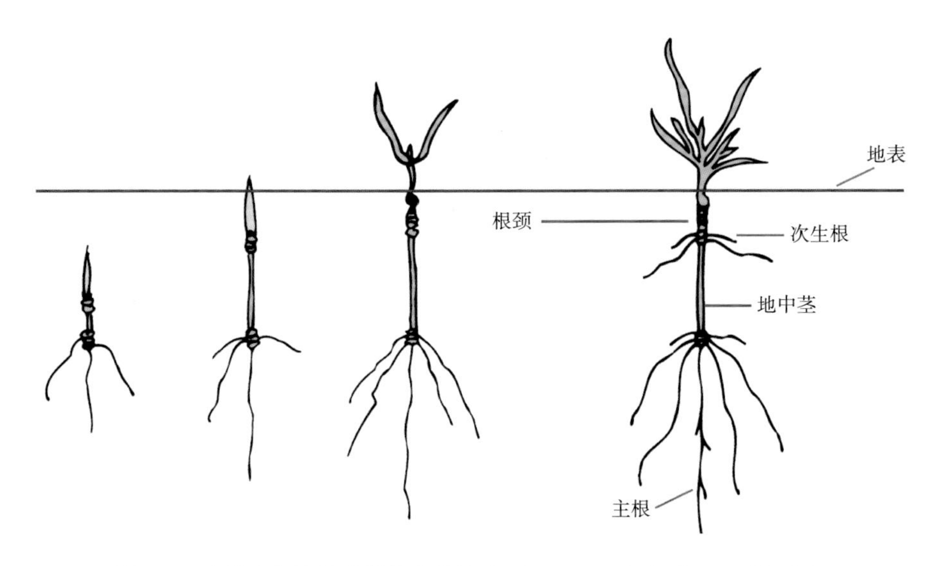

图2-9　小麦主根和次生根的发育（Anderson and Garlinge，2000）

（三）根的长度

适期播种冬小麦在播种之后的1周，小麦的根会快速生长，可以长到5～10cm；从第二周开始，小麦根的生长速度逐渐放缓，在播种后6周左右，当分蘖开始产生时，小麦的根可以长到30cm；之后，小麦的根又开始快速生长（种子萌发后8～13周，小麦根的土壤穿透能力最强），此时小麦的根每天可以往下生长1～1.5cm，也就是说经过100d的生长，小麦的根可以达到1～1.5m。当小麦发育到开花期时，其根的干物质量达到最大值，大约有60%的根长度在30cm以内；根的最大长度取决于土壤类型和生长条件：在沙质土壤里，当小麦生长到10～14周的时候，其根长可达到1.7m（图2-10）。

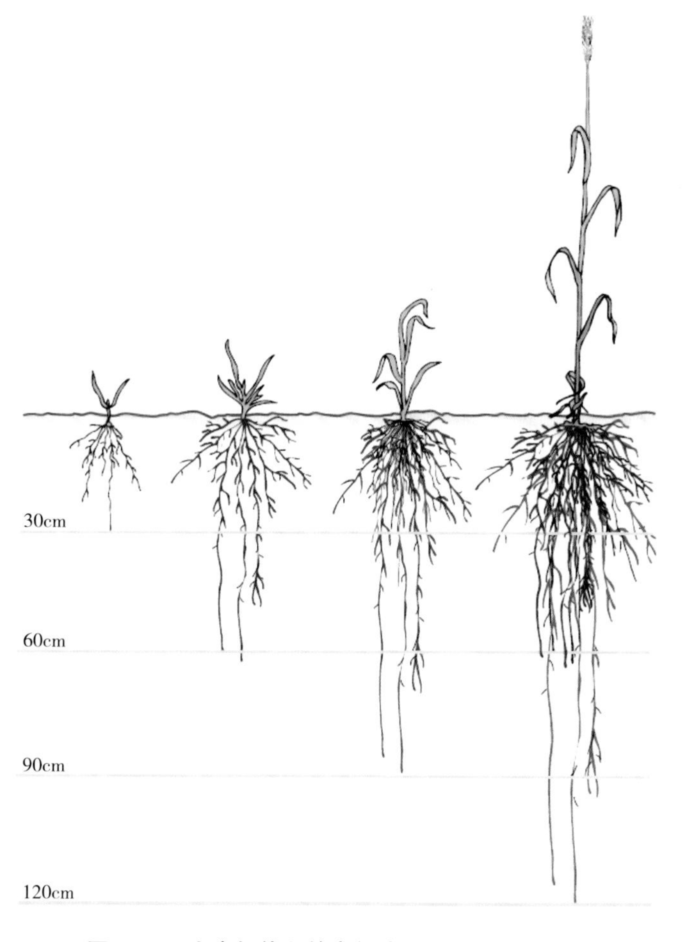

图2-10　小麦根体积的变化（Weaver，1926）

（四）叶片的生长

在0～38℃，小麦的叶片均可生长，但最适生长温度为29℃；当温度下降，特别是低于25℃时，叶片的生长速度减慢。每个叶片均经过一个快速展开和扩张的过程，展开的过程大约需要110℃的积温，也就是说在11℃的环境中大约需要10d才能完全展开。对于春麦来说，其叶片的数目主要取决于光周期，而冬麦则与春化息息相关。从遗传的角度来说，小麦的一生可以产生最多20片叶子，但在主茎上一般最多同时保持5～9片健康叶片，其余叶片在不同阶段逐渐消亡。

（五）分蘖的生长

主茎之外的其他“分支”被称作分蘖，只有部分分蘖可以开花并正常结实。分蘖起始于叶腋部位的芽，一般在三叶期开始出现。第一个分蘖产生于第一片真叶与胚芽鞘之间的叶腋，随后的分蘖则产生于主茎和之后叶片的叶腋之间。分蘖的数目与很多因素有关，比如环境因素、种植密度或时间以及品种等：有的品种只能产生4～5个分蘖，而有的品种则可以产生80个左右的分蘖；群体大小、种植时间或者水肥条件，特别是氮肥，都对分蘖的数目有显著影响。并不是所有的分蘖都能开花结实，后发育形成的分蘖往往会率先死亡，分蘖的死亡比例与品种和种植密度有很大关系。

（六）小麦的春化

作物的春化指一二年生种子作物在苗期需要经受一段低温时期，才能开花结实的现象，这个发育时段称为春化阶段。塔额盆地小麦生产上，春化作用在冬小麦中的意义尤为重要，冬小麦种子萌动阶段到分蘖阶段都可以进行春化作用，但春化效果以刚萌动的种子最佳，幼苗越大，春化效果越差。以新冬18号品种为例，0～3℃经过40～50d才能完成春化作用，如果未经过春化作用则不能或极少抽穗开花结实。2019年秋季有效降水偏低，导致土壤墒情严重不足，部分冬播小麦“干籽越冬”，翌年春季种子才开始萌动，最终导致部分小麦未通过春化阶段，出现只分蘖不抽穗或少抽穗现象（图2-11）。

图2-11　冬小麦未通过春化阶段导致抽穗偏少或不抽穗现象（拍自166团）

第四节　生殖生长阶段

当小麦生长到四叶期至五叶期，顶端分生组织停止分化成叶而分化成穗原基时，小麦开始了生殖生长。此时顶端组织延长在上部形成穗原基，在下部形成叶原基，但并不能在肉眼下直接观察。当小麦发育到二棱期时，在顶端中轴上形成多个成对隆起或脊。成对出现的隆起或脊中，上端为穗原基，发育成小穗；而下部的叶原基则逐渐退化消失。在二棱期，小麦的顶端组织可以生长到0.5～1.2mm，该时期可以在显微镜下进行观察（图2-12）。

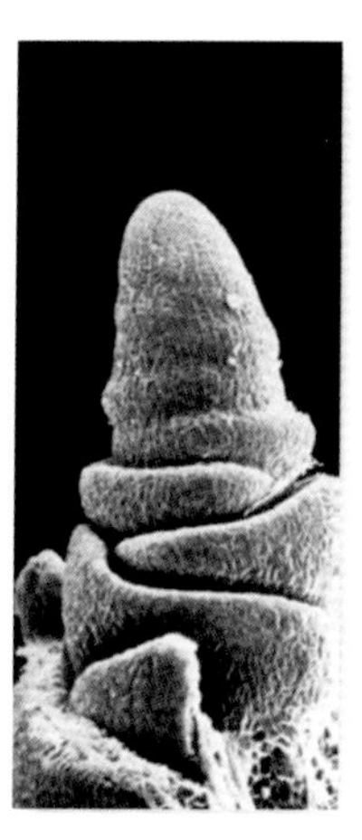

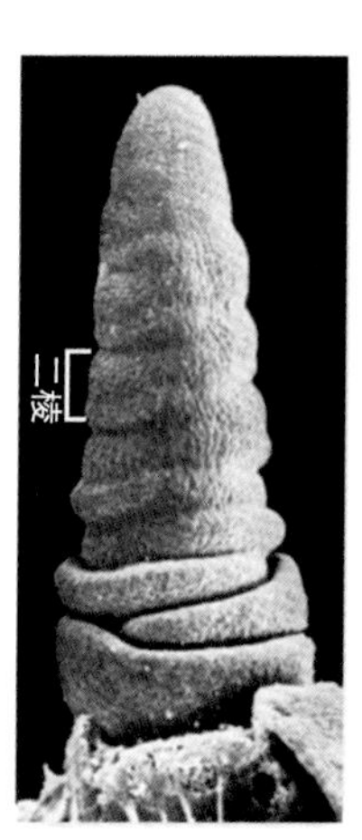

图2-12　小麦生长锥伸长、小穗原基和叶原基出现（Kirkby and Appleyard，1984）

（一）小穗的分化

在纵轴上位于顶端组织中部的小穗原基最早开始分化形成小穗，随后两侧的小穗原基也开始分化（开花和灌浆期也保持了这种发育模式——中部先发育并逐渐向两侧延伸），当顶端分生组织分化出顶端小穗后，小穗的分化停止。小穗分化的起始时间大约对应在小麦生长到8～15片叶子的时候，具体的时间与品种和播种时期有关。对于春小麦，小穗的分化速率为0.5～1.5个小穗/d，或者9℃积温/小穗；冬小麦的小穗分化在越冬期就已出现，但分化速率要慢得多。

（二）花器官的形成

随着小穗的分化，花器官也逐渐形成（图2-13）。每个小穗均分化形成两个颖壳（护颖）和多个小花，颖壳位于小穗的最外面，起到很好的保护作用。随后在颖壳的内侧形成外稃和内稃，并将小花包裹起来。每个小花再进一步分化出2个浆片、3个雄蕊和1个心皮。穗子中部的小穗可以最多分化出10个左右的小花，穗子基部或顶部的小穗则可以分化出6～8个小花，但最终只有30%～40%的小花可以受精结实，即每个小穗可以结3～6粒种子，而其余小花往往提前终止发育。

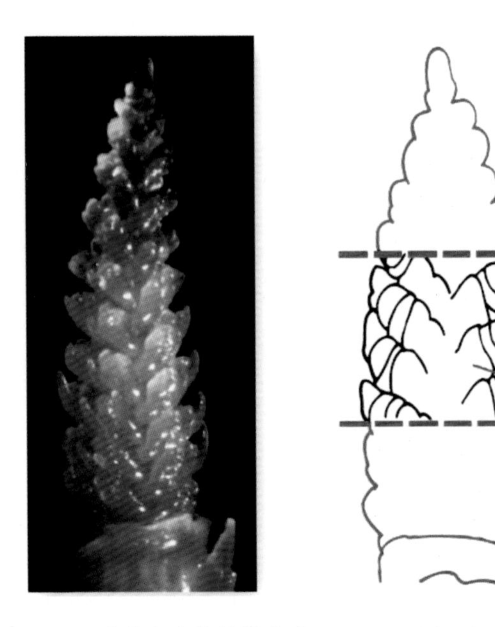

图2-13　小花和小穗的发育（Kirkby and Appleyard，1984）

（三）小穗分化的终止

当顶端分生组织分化出最后一个小穗后（图2-14），小穗的分化终止（1个穗子包含20～30个小穗）。但在每个小穗里面，小花的分化和生长还在继续。随着小穗分化的终止，小花的分化和生长进入一个快速发育的阶段，同时伴随着茎的伸长。当小穗发育到1cm时，在垂直位置上已露出地面，此时应该是施用氮肥、限制使用除草剂或护青（防止牛羊啃食）的关键时期。

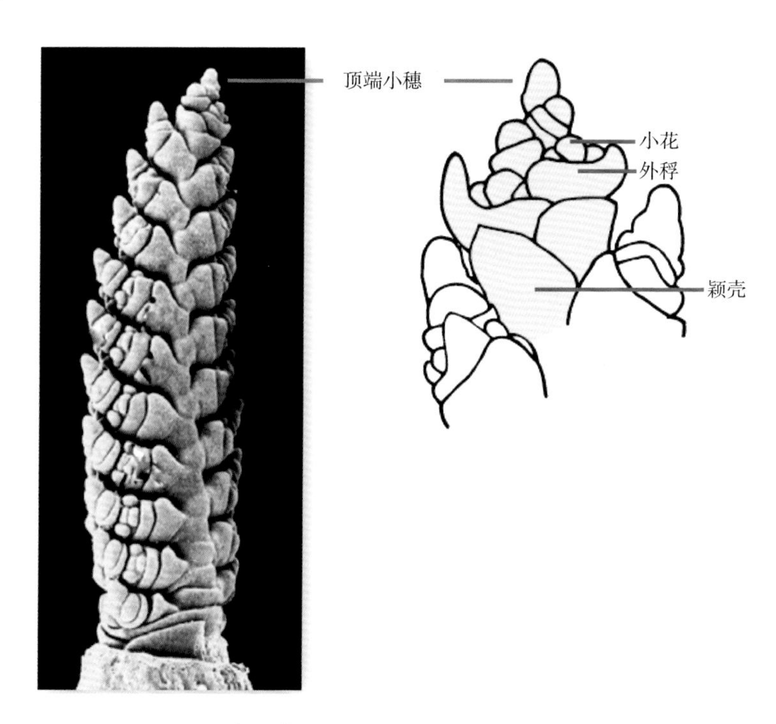

图2-14　顶端小穗出现并长至4mm（Kirkby and Appleyard，1984）

（四）茎的伸长

茎（图2-15）的生长就是指节间的伸长。当包裹节间的叶片生长到最大面积的时候，对应的节间开始伸长生长；当节间生长到其最大长度的一半时，其上面紧接着的节间开始生长。当最后一个节间（穗轴）生长到最大长度时，茎的长度达到最大。在节的外侧覆盖一层加厚的叶基，在植株倒伏之后起着重要作用。当植株倒伏之后，靠近地面的叶基部分开始快速生长，背靠地面的部分生长缓慢。这种不一致的生长可以使茎秆和穗子重新直立起来。

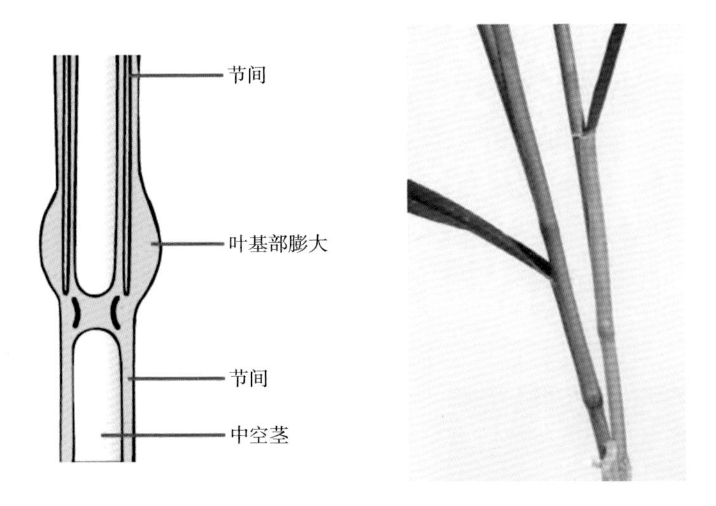

图2-15 小麦的茎（Kirkby and Appleyard，1984）

这个时期的植株更容易受环境压力的影响，特别是对水肥的缺乏更加敏感。如果缺乏水肥，次级分蘖或长势较差的主分蘖发育将受到影响或提前终止，而主分蘖或长势较好的次级分蘖继续发育。这是小麦适应环境胁迫而做出的调整，优先为主分蘖的发育提供营养物质。另外，这个时期的幼穗发育相对缓慢，但当旗叶叶耳完全漏出之后（叶环距为0），幼穗进入一个快速发育的阶段。

（五）小花的发育

根据花药的发育状态，可以将小花的发育大体分为3个阶段，白色花药阶段、绿色花药阶段和黄色花药阶段。不同穗位上的小花发育状态不同，一般穗子中部的小花发育较快，穗子下部或上部的小花发育稍慢；同时，位于同一穗位（小穗）上不同小花之间的发育状态也不一致，两侧小花发育稍快，中部小花发育稍慢。

（1）白色花药阶段。小花呈乳白色半透明状，雄蕊很短，每个花药包含4个花粉囊；心皮（雌蕊）很小，具有角状突起。

（2）绿色花药阶段。当雄蕊长至1mm左右时，颜色变为亮绿色，雌蕊快速发育，在顶端出现羽毛状的柱头；雄蕊和雌蕊经历了减数分裂的过程，与孕穗期重叠。该时期小花的发育对水分、低温或高温胁迫非常敏感，逆境会带来小花数目下降，雌性或雄性不育等负面影响。

（3）黄色花药阶段。这个阶段小花逐渐发育成熟，花药由亮绿色逐渐变为浅绿色，并最终发育为成熟的亮黄色；雌蕊也逐渐发育成熟，并伴随着羽毛状柱头的展开，以便接受花粉而完成受精结实。

（六）孕穗和抽穗（图2-16）

当幼穗分化完毕、旗叶完全抽出后，幼穗迅速伸长并伴随着体积的快速增大，旗叶的叶鞘也随之膨胀，小麦进入孕穗期；随后麦穗由穗下节间露出旗叶叶鞘，当穗顶的第一小穗露出旗叶叶鞘时，小麦进入抽穗期。麦穗从穗顶露出旗叶叶鞘至穗茎露出旗叶叶鞘需3～5d，抽穗期持续6～8d。

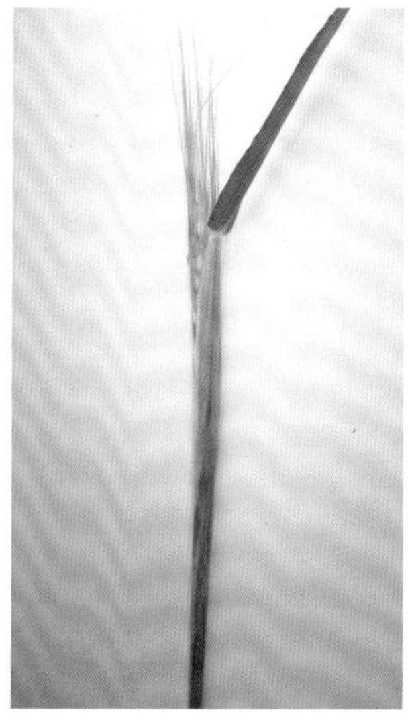

图2-16　小麦孕穗到抽穗

（七）开花

开花是指花粉囊破裂、花粉粒释放并完成受精的过程。对于单个小花来说，这个过程只需要几分钟就能完成；对于单个穗子来说，散粉和受精大约需要几个小时可以完成；但对于一个群体来说，开花能够持续3～4d（或1周之内）。

小麦的自花授粉率在96%左右。花粉粒落在柱头上之后，在5min之内就能吸收水分并开始萌发；授粉之后的1～2h，花粉管开始生长：花粉管的生长与环境温度有很大关系，但一般需要40min，之后就能完成受精。有些材料，当穗子并未完全抽出时，就已经完成了授粉；特别是受到水分胁迫时，授粉的时间也可能提前。

（八）籽粒发育

小麦的籽粒发育是指从授粉到生理成熟的过程，是发育的最后一个时期。籽粒发育主要包括3个发育阶段：籽粒膨大期、灌浆期和生理成熟期（图2-17，图2-18）。

1.籽粒膨大早期；2.籽粒继续膨大但颜色依旧是绿色；3.面团期，籽粒颜色转黄

图2-17　籽粒膨大期和灌浆期

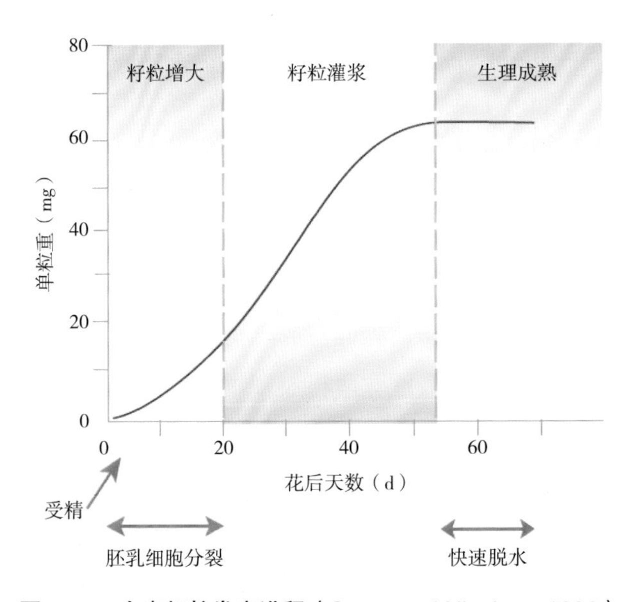

图2-18　小麦籽粒发育进程（Stone and Nicolas，1996）

（1）籽粒膨大期。该时期从授粉开始，持续10 ~ 14d。在授粉后的前4d，胚囊周围的细胞不断分裂和扩张，导致籽粒快速增大；这个阶段籽粒重量增加不大，但其发育却决定着籽粒的最终大小。在授粉后的4 ~ 10d，籽粒大小持续增加；这个时期主要是水分的积累，也被称作水分增长期，这个阶段籽粒仍然保持绿色。

（2）灌浆期。小麦籽粒的灌浆（花后约9d）持续30 ~ 35d，其中冬小麦从开花到成熟约38d，春小麦从开花到成熟40 ~ 42d，这个阶段籽粒重量的增长速率相对恒定，碳水化合物和蛋白质不断在籽粒中积累，可细分为乳熟期和面团期两个阶段。当籽粒发育处于乳熟期的早期阶段时，籽粒的长度发育到最大值，但其重量只占最终重量的1/10；随着灌浆的持续进行，当籽粒发育到灌浆中期，在授粉后的11 ~ 16d时，籽粒发育过半。面团期的籽粒水分持续下降，干物质持续积累，胚乳成面筋状；软面团期，对应在授粉后21d左右，籽粒颜色由绿变黄；籽粒重量达到最大时被定义为乳熟期，此时籽粒的含水量在40%左右；当籽粒颜色变为金黄色时，被称作硬面团期。

（3）生理成熟期。当运送水分和营养物质的维管束被蜡质等物质填充后，籽粒停止生长并发育成熟，籽粒呈现为棕色，分蘖逐渐死亡，这个阶段被称为生理成熟期。当籽粒的含水量下降为12% ~ 15%时，植株完全失水并变成秸秆，籽粒中的干物质停止积累，籽粒体积略微缩小，小麦进入完熟期。

碳水化合物的来源。籽粒发育过程中的营养物质主要有两个来源：一是在相对有利的条件下，来自叶片特别是旗叶的光合作用的积累；其他器官，比如茎、颖壳或芒等也具有一定的光合效率，对营养物质的积累也能提供一定帮助。二是在开花之前就存贮在茎和叶片中的水溶性碳水化合物（主要在茎中），特别是当开花之后出现逆境胁迫时，这部分营养物质则显得尤为重要。逆境胁迫主要包括干旱、高温或病虫害等，而茎中贮存的营养物质可输送到籽粒中去，而在一定程度上挽回开花之后逆境胁迫所造成的产量损失。

蛋白质的来源。植物吸收的氮元素要转化成蛋白质并最终转运到籽粒中进行贮存。在小麦开花之前氮元素被转化为蛋白质并存储在叶片中，在籽粒发育过程中，叶片中的蛋白质被转运到籽粒并最终保留下来。叶片中的氮元素是叶绿素和光合作用中所需酶的重要组分，当氮元素从叶片逐渐运转到籽粒中去以后，叶片逐渐停止光合作用并最终干枯死亡。另外，小麦开花之后也会继续吸收氮元素，但主要是供根部系统使用。

第五节　小麦生育期的划分

前面讲到了小麦一生的发育阶段，为了深刻地认识和掌握这些变化的规律性，依据小麦生育过程的特点，从不同的角度，把小麦的一生（图2-19）划分为若干各生育期。熟练掌握各时期的发生时间和特点对采取相应措施搞好小麦栽培十分重要，下面分别介绍小麦的生育期，以便对小麦的一生有大致的了解。

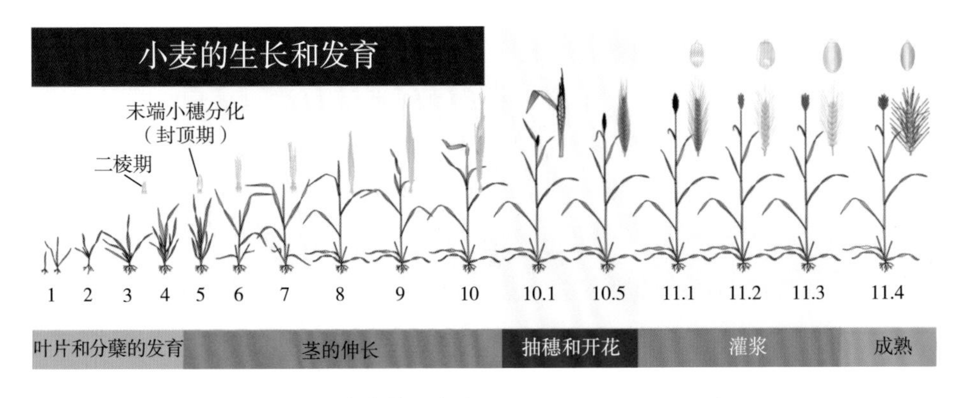

图2-19　小麦的一生（Romulo Lollato，2018）

小麦从出苗到成熟所经历的全部时间，称为全生育期。冬小麦如新冬18号，9月25日播种，10月7日出苗，翌年7月5日生理成熟（非收获期），它的生育期约为270d；春小麦如新春37号，4月10日播种，4月18日出苗，7月20日生理成熟（非收获期），它的生育期约为93d。小麦在整个生活过程中，依据其形态特征出现显著变化的起点时间，并考虑到生产、科研的需要，大致分为以下几个生育期，生育期用“月/日”表示。

〔播种期〕记载播种的日期。

〔出苗期〕全田50%小麦的第一真叶露出地表2～3cm时为出苗期。

〔分蘖期〕小麦的第一分蘖露出时，为分蘖，田间有50%以上植株开始出现分蘖时，为分蘖期（适期播种的冬小麦，从出苗到分蘖约15d）。

〔越冬期（指冬小麦）〕冬前平均气温下降到0～1℃，麦苗基本停止生长时，即为越冬期。

〔返青期（指冬小麦）〕翌年春季气温回升，小麦开始生长，麦田由黄转绿，当叶片在年后新长出的部分达到1～2cm时（此时麦苗仍为匍匐状），即为返青期。

〔起身期（生物学拔节）〕麦苗由匍匐状转为直立即为起身期，此期稍后，茎基部节间即开始伸长；而春小麦大都为直立型品种，加之春季温度回升较快，生产中起身期不如冬小麦明显。

〔拔节期（物候学拔节）〕茎基部第一伸长节间露出地面1.5～2cm，即习惯上所说的“拔节”。

〔挑旗期〕旗叶全部伸出叶鞘为挑旗，田间有50%以上的旗叶伸出叶鞘展开，即为挑旗期。

〔抽穗期〕全田50%以上麦穗（不包括芒）顶部小穗露出叶鞘时，为抽穗期。

〔开花期〕全田50%以上麦穗中上部小花的内外颖张开，花药散粉时，为开花期。

〔籽粒灌浆期（乳熟期）〕营养物质迅速运往籽粒并累积起来，籽粒开始沉积淀粉、胚乳呈炼乳状，在开花后10d左右。

〔籽粒成熟期〕胚乳呈蜡状为蜡熟期（也称黄熟期），此时粒重最高，是最适宜的收获期；籽粒开始变硬不宜被指甲掐断，为完熟期；正式收获的日期称为收获期。

小麦的每个生育期在不同地区出现的时间不同；同一地区，不同的年份、品种和栽培条件不同时，出现的时间也不同；小麦的每个生育期不是一成不变的，不能生搬硬套。

第三章 塔额盆地小麦绿色高效栽培技术及特点

在认识小麦生长发育的一般规律的基础上，如何综合运用各项栽培措施，充分满足小麦生长发育所要求的外界条件，实现绿色、高效、高产、低成本、轻简化的目标，是塔额盆地小麦高效栽培的主要任务。

第一节　小麦需肥、需水特点

（一）小麦需肥特点

1. 小麦的需肥类别

小麦生长发育所必需的营养元素有碳、氢、氧、氮、磷、钾、钙、镁、硫等大中量元素，铁、锰、铜、锌、硼、钼等微量元素。其中碳、氢、氧三元素约占小麦植株干物质重量的95%（表3-1），主要是从空气和水中吸收，一般不缺乏。氮、磷、钾等元素的含量不足5%，主要是靠根系从土壤中吸收，含量虽然不多，但对小麦的生长发育起着重要作用（表3-2）。

小麦生长发育过程中，对氮、磷、钾3种元素的需要量很大，土壤中初始含量往往不能满足供给，塔额盆地土壤中氮和磷较缺乏，虽然总钾含量较为丰富，但关键期速效钾的供应略有不足，需要靠施肥来补充。这3种元素称为肥料三要素，它们对小麦生长发育所起的作用各不相同，不能互相代替，应配合施用。

表3–1 小麦成熟全株的元素组成（%）

碳（C）	氢（H）	氧（O）	氮（N）	灰分元素
46.1	5.8	43.4	2.3	2.4

注：除C、H、O、N，植株燃烧后其他元素最终以氧化物形式存在于灰分内，称灰分元素。

表3–2 各器官小麦灰分中几种元素所占的比率（%）

组织组分	P_2O_5	K_2O	CaO	MgO	Fe_2O_3	SiO_2	Na_2O
种子	47.8	30.2	3.5	13.2	0.6	0.7	0.6
茎叶	4.8	13.6	5.8	2.5	0.6	67.4	1.4

2. 肥料三要素的作用

（1）氮素。对增加小麦产量和提高籽粒蛋白质含量方面起着十分重要的作用。氮是构成细胞质原生质的主要成分，也是体内蛋白质与叶绿素的重要组成成分，没有氮就等于没有维持生命的物质基础。

氮素主要作用是促进根、茎、叶、分蘖的生长，增加叶绿素含量，提高光合能力，增加物质积累，延长光合器官寿命，幼穗分化中可增加小穗数、小花数，提高结实率。在小麦生长后期适当施用氮素，可以提高千粒重并改善籽粒品质。

氮素不足，小麦生长瘦弱，茎秆矮小，分蘖少，叶片狭小稍硬，叶色淡，穗数少，穗子小，粒数少，生育期缩短，易早衰，成熟期提前，产量较低。

氮素过多，则营养生长过旺，分蘖增多，茎叶徒长，茎秆软弱，茎秆“厚壁细胞”变薄，组织柔软多汁，易受病虫侵袭，抗逆性降低；根系发育不良，色白而细长；根冠比（地下部分与地上部分）失调，容易发生倒伏和贪青晚熟，蒸腾作用加强，易受干热风危害，导致减产。

（2）磷素。小麦细胞的主要成分，直接参与呼吸过程，并在光合作用和物质代谢过程中起着重要作用。磷素在植物体内能自由运转，而且存在幼龄细胞和生殖器官中的量较多，能促进幼苗生长。促进新根发育和植株体内糖分的积累，从而加快生长发育进程和生殖器官的形成，增加抗寒、抗旱能力，加速灌浆进程，促使籽粒饱满，从而提高产量和品质，并提早成熟。

磷素供应不足，则糖分和蛋白质的代谢水平降低，对小麦苗期和后期生长有明显的不良影响，严重缺磷时幼苗迟迟不发生分蘖，不长次生根，叶片瘦窄、暗绿，叶尖发紫，无光泽，茎秆矮小，容易形成“小老苗”，成熟期延迟，影响花粉形成和受精过程，灌浆不正常，产量和品质下降。

磷素过多，容易引起淀粉水解，秕粒增加，而且会影响小麦对锌元素的吸收，对产量和品质造成影响。

磷与氮在土壤中是相互作用的营养元素，磷素充足时，由于根系发育良好，吸氮能力增强，氮的利用率提高，能促使麦苗早发、稳长、多蘖，磷在植物体内可以影响含氮物质的代谢，能提高植株组织中蛋白质的含量，在改善小麦营养生长方面发挥以磷促氮的作用；相反，氮素充足时，也有利于磷素作用更好地发挥。

（3）钾素。钾与氮、磷不同，它不直接参与有机化合物的组成，多以分子状态存在于小麦植株的茎、叶组织，尤其是大量积聚在新生组织（如幼芽、嫩叶和根尖）中。钾能促进化合物的形成和转化，使叶中的糖分向正在生长的器官输送。钾对原生质胶体的理化性质有良好的影响，能增强植株抵抗低温、高温、干旱的能力，钾与植株体内碳水化合物的合成和转化有密切关系，对原生质的理化性质和植株的氮代谢有良好的作用，能增强植株对氮的吸收能力。

钾素供应充足时，小麦生长良好，维管素发达，茎秆坚韧，抗倒伏能力增强，抗病虫、抗寒性、抗高温能力都增加，并使小麦成熟时落黄好。

钾素不足时，叶色浓绿且光合作用减弱，植株生长缓慢，淀粉合成能力降低，叶片尖端发生褐斑，下部叶片提前干枯，根系发育不良，茎秆细弱，机械组织不发达，易倒伏，易早衰，抽穗和成熟显著提早，结实率低，灌浆不好，落黄差，品质下降。

如钾素供应过量，在一般情况下，不会影响小麦正常的生长发育，但如果钾和氮、磷比例严重失调，会导致不良反应。

3. 其他中量元素和微量元素

小麦虽然吸收中量元素、微量元素的数量较少，但中量元素、微量元素对小麦的生长发育却起着十分重要的作用。

缺镁时，麦叶起皱或卷曲，生育期推迟。

缺钙时，根系发育受阻。

缺铁时，叶片发生失绿现象，脉纹中间的中组织呈黄色，而叶脉纹为绿色。

缺锰时，叶面有不规则的灰色、浅黄色、米色或褐色斑点。

缺硼时，植株生育期推迟，雌雄花蕊发育不良，不能正常授粉，最后枯萎不结实。小麦缺硼时，茎叶肥厚弯曲，叶呈紫色，顶端分生组织死亡，形成“顶枯”，花丝伸展和分蘖均不正常，麦穗发育不好，结实率极差。

缺铜时，其新叶呈灰绿色，麦叶尖部出现白化现象，叶片发生扭曲，叶鞘下部出现灰白色斑点或条纹，对于老叶易在叶舌处折断或弯曲；植株节间缩短，抽穗少，严重时不能抽穗或穗型扭曲，小穗上的次生花败育，籽粒发育不全或皱褶。

缺锌时，植株出现矮化丛生，叶缘扭曲或皱缩，叶脉两侧由绿变黄直至发白，边缘出现黄、白、绿相间的条纹。

塔额盆地麦区测土配方结果表明，土壤中微量元素有效锌含量极低，需要进行施用补充。

4. 小麦的需肥量及规律

小麦生长过程中，需要氮、磷、钾的量，常因自然条件、品种和栽培技术不同而有所出入。总体来讲，每生产100kg籽粒，需从土壤中吸收纯氮（N）3kg，磷（P_2O_5）1.5kg，钾（K_2O）3kg左右，其比例约为3：1.5：3。综合塔额盆地一些高产田块的经验，中等以上肥力地块，亩产500kg以上的小麦田，大致需要施纯氮（N）15～20kg，磷（P_2O_5）7～9kg，补充钾（K_2O）4kg；折合为尿素25～35kg，磷酸二铵15～18kg，硫酸钾8kg左右。

小麦各生育阶段的需肥多少也不相同，拔节期是小麦需肥的临界期，此期缺肥会给小麦产量带来很大损失；从肥料三要素的吸收比例看，在前期长根分蘖阶段是以营养生长为主的时期，对氮的吸收量相对较多，到拔节期达到最大；从拔节期到孕穗阶段是茎秆的急剧生长期，对钾的吸收量相对较多；孕穗到开花期对磷的吸收量最多。

塔额盆地中高产小麦（500kg/亩以上）施肥策略（表3-3）。磷肥全部用于底肥+种肥；氮肥30%左右底施、10%左右苗期施用、50%左右拔节期施用、10%左右灌浆期施用；钾肥70%左右底施，30%左右拔节期施用。需要注意的是小麦等禾谷类作物对锌元素对缺乏较敏感，因此，每隔两年需要施用硫酸锌2～3kg/亩；另外，实践表明苗期喷施锌肥效果优于底施。

表3-3　中高产田小麦500kg/亩产量施肥参考方案（小麦育种家额敏基地，单位：kg/亩）

肥料	底肥	种肥	苗期	拔节	灌浆	总量
尿素	7	0	5	15	3	30
磷酸二铵	13	5	0	0	0	18
硫酸钾	5	0	0	3	0	8
硫酸锌	0	0	1	0	1	2

需要注意的是，沙性土壤（如沙石地）保水肥能力差，要获取高产，总施肥量应比正常施肥量高20%左右，且氮肥追施措施应和灌水一致即少量多次，每次灌水除灌浆后期外均应追肥，追肥的基本原则是“前轻—中重—后补”。

（二）小麦需水特点

1. 小麦的耗水量

小麦一生中的需水情况常用耗水量表示。它包括棵间土壤蒸发、植株蒸腾和地下渗漏等失掉的水分。由于塔额盆地多数区域小麦生长期间降水量相对较少，除沙石地保水性差外其他土壤渗漏损失可忽略不计。耗水量一般用水分平衡法测定。取土深度1m左右。

（1）小麦耗水量（m^3/亩）=播前土壤储水量（m^3/亩）+生育期间有效降水量（m^3/亩）+总灌水量（m^3/亩）−收获时土壤储水量（m^3/亩）。

（2）根据公式$W=0.1\times r\times v\times h$计算土壤储水量，其中$W$为不同深度土壤贮水量（mm），$r$为土壤含水量（%），$v$为土壤容重（$g/m^3$），$h$为土层深度（cm），0.1为换算系数。

（3）1.5mm有效降水量相当于1m³/亩储水量，有效降水量在降水前后测定土壤含水量之差获得。

小麦一生中，不同生育期耗水量不同，苗期耗水量较少，进入拔节期迅速增加，到抽穗前后达到最大值。

按照吴锦文所提出的耗水量同小麦产量关系，500kg以上高产田参考耗水量：每亩耗水500m³左右。这也基本符合塔额盆地高产小麦田耗水特点，即除去土壤原有含水量和自然降水，正常情况想要达到500kg/亩的产量需要灌水350～420m³/亩。

2. 小麦各生育期适宜的土壤水分状况

小麦植株所利用的土壤水分，主要在1m深的土层内。其中，0～20cm土层内的水分变化幅度最大，与小麦生长发育的关系密切，占耗水量的50%～60%；20～50cm土层次之，占耗水量的20%左右；50cm以下土层水分分布比较均匀稳定，占耗水量的25%左右。故0～20cm土层水分含量对小麦生育期间水分供应影响最大，以下是该土层内水分含水量适宜的参考值。

（1）萌芽期。一般认为保持在田间持水量的60%～65%较为适宜。小麦幼苗时期耗水量不多，但对表层土壤含水量要求严格，低于55%时会造成发芽困难。因此，无播前灌水冬小麦管理应注意土壤含水量，春小麦往往因雪墒水丰富而不必关注。

（2）出苗—拔节期。一般认为土壤水分保持在田间持水量的60%～80%较为适宜。低于田间持水量的60%应灌水。春小麦拔节期前春旱应注意田管措施，冬小麦越冬期土冻不消而表层土壤水含量充沛，苗期雪墒也较充足，不必关注。

（3）拔节—抽穗期。植株茎、穗发育的关键时期。水分不足，不但影响每亩穗数，而且对穗粒数影响也很大。一般应土壤水分保持在田间持水量的80%左右。

（4）抽穗—成熟期。抽穗后土壤水分不足，会引起粒重降低；水分过多，易引起倒伏、病害加剧、贪青、逼熟等现象，一般认为土壤水分保持在田间持水量的70%～75%较为适宜。

第二节　播种前准备

（一）种子的准备

（1）选择适宜的品种，根据自己管理水平、土壤肥力、所处区域的自然气候条件、水源便利条件等选择适宜的品种，所选品种必须经国家或自治区审定的品种或经自治区引种备案适宜塔额盆地种植的品种。

（2）到正规的公司或种子经营点购买种子，购买新品种种子时需咨询品种特征特性以确定是否符合自身管理条件。

（3）选择优质的种子，根据塔额盆地小麦病虫害发生规律，必须选择经药剂包衣的种子；注意查看种子标签标注的纯度（≥99.0%）、芽率（≥85%）、净度（≥99.0%）、水分（≤13.0%）是否符合当前国家标准。

（4）对购买种子进行简易发芽率测定。用浅盘铺几层经蒸煮消毒的吸水纸或卫生纸，预先浸湿，取300～500粒种子，将每100粒小麦种子放在上面，然后加清水，淹没种子，浸4～6h，使充分吸水，再把淹没的水倒掉，把小麦种子摆匀放置室内（室温20℃以上），以后随时加水保持湿润，7d后记录发芽百分比，即发芽率。此方法测得发芽率可作参考，如果所测发芽率过低则需要请专业人员进行再次测定以确定种子是否合格。

（二）肥料的准备

（1）常用的底肥种类有磷酸二铵、磷酸一铵、尿素、重过磷酸钙、硫酸钾、硫酸锌、氮磷钾三元复混肥、生物菌肥等；有条件的可增施牛羊粪等有机肥。

（2）常用的追肥种类有尿素、磷酸一铵、硫酸钾、滴灌肥等。

（3）根据县农业技术推广站测土配方结果及小麦需肥特点确定各肥料的准备和使用量。

（4）到正规公司或农资经营店购买所需肥料，索要并保存发票，肥料常识见附录。

（5）尽量选用带有绿色环保标识的肥料。

（三）播期的确定

（1）冬小麦最适播期一般为10d左右，适时播种的冬小麦，自出苗到停止生长一般应有40～50d的生长时间，>0℃的积温450～500℃，这样的壮苗能获高产。通常的判断是5d平均气温通过15～17℃即可播种，根据前茬和区域确定播期，一般塔额盆地多数区域冬小麦播期在9月20日至10月10日（适播期：平原区9月20—30日；沿山区9月15—25日；最晚播种10月15日止，10月20日以后播种的，气温下降，很难出苗，风险极大）。

（2）春小麦则播种越早越好，如有条件，一般雪融后待大型机械能进地、整地、播种时就应及时抢播，一般塔额盆地春小麦播期在3月下旬至4月20日，平原区、风线区最早开播，沿山区最晚开播，但不得晚于4月20日，否则减产严重。

（四）土壤准备

（1）前茬收获后无论下茬播种冬小麦或春小麦都应及时灭茬、施底肥深翻（≥25cm），春麦区非下潮地块秋天可整成待播状态，以利于春小麦早播。塔额盆地种植户常有“春翻地”的习惯，如果推迟到翌年春天播种前深翻则不利于控制一些害虫（如麦茎蜂）的群体数量，并且不利于残茬的腐解。国内外有些区域提倡免耕或少耕小麦栽培技术，但就塔额盆地小麦生产条件看，应提倡深耕秸秆还田模式，主要是因为塔额盆地小麦产区土壤有机质含量偏低，加之干旱，有机物矿化快，自然肥力偏低，灌耕结合模式对地力恢复有益，并且能减少播种时因地表覆盖物对播种质量和效率的影响。

（2）下潮地（土壤黏重）或土层深厚的地每隔3年左右应进行1次深松以打破“犁底层”；沙土石头地则不应深松，以防打破“犁底层”造成后续漏水、漏肥严重。

（3）常用的犁整地机械有大型翻转犁、深松机械、联合整地机、动力耙（驱动耙）、圆盘耙等（图3-1，图3-2）；在冬小麦播种前犁整地时，无法“造墒”整地时应在犁地后及时使用“分流式平土框”作业一遍，以利于涵养雨水并起到保墒作用。

（4）整地要做到“上虚下实”状，过虚会导致不易控制播种深浅，过实则易板结。

（5）联合整地机或动力耙整地质量应达到“齐、平、松、碎、净、墒”六字标准。

图3-1　大型翻转犁和圆盘耙

图3-2　深松机械和大型播种机

（五）小麦生长发育知识的掌握

需要了解或掌握本书所介绍的塔额盆地小麦生长发育阶段特征、需水和需肥规律、病虫草害发生规律和防治方法，并结合自身条件制订生产管理台账措施等。

第三节　播种—出苗期管理

（一）冬小麦

1. 播前底肥使用参考方案

每亩用磷酸二铵15 ~ 18kg、尿素6 ~ 10kg（前茬为玉米时适当多施）、颗粒硫酸钾3～5kg、硫酸锌1～2kg。

2. 种植模式

（1）采用24行播种机等行距种植，行距15cm，每播幅3.6m宽。

（2）小畦播种，风线区带打埂器每6行一畦（畦内60cm，田埂30cm），优点是利于积雪留存、利于灌水、利于铺设滴灌带，并节省1/3的滴灌带。

（3）种肥侧深施肥播种，即选用48行播种机，小麦行间多一组播肥器，同样为行距15cm，每播幅3.6m宽，以避免种肥接触种子，适宜于沙石地和保水肥性较差地块。

3. 播种量

（1）塔额盆地冬小麦高产群体结构。基本苗35万株/亩，亩最高总茎蘖80万～100万/亩，收获穗数（以新冬18为例）43万～50万穗/亩；按照千粒重45g、田间出苗率85%计算，理论播种量为18.5kg/亩。

（2）就地力而言，在中产—中低产水平下，播种量应高；在中高产—高产水平下，播种量应低。

（3）在整地质量良好、播种质量良好、土壤墒情适宜的情况下，根据播期播种量18～23kg/亩，早播少量，晚播多量，以9月20日开播为例（播种量18kg），每晚播1d增加播种量0.5kg，每亩播种量不得超过25kg，以免开春冻融交替阶段因麦田群体过大死苗。

4. 播种技术要求

（1）种肥。推荐磷酸二铵5kg/亩或氮磷钾三元复混肥6～8kg/亩。

（2）播深。4～5cm，超过6cm会导致籽粒过多营养被消耗于“地中茎”中形成弱苗；低于3cm不利于种子使用地墒，造成出苗困难，即使出苗也易引起分蘖节外露不利于越冬，且冻融交替过程中根系易被“扯出土壤”不利生长。

（3）镇压。播种机务必带镇压轮，如不镇压绝无全苗且易形成弱苗，特别是在墒情不好的情况下。冬麦播种时气温往往处于较低水平，“风吹日晒”程度也较小，加之未“造墒”播种，墒情不足，镇压后也不会造成土壤板结出苗困难现象。

（4）其他。播行端直，下籽均匀，接行准确，播深一致，覆土良好，行距固定，提放整齐，田边地头种满种严。

5. 出苗期管理

（1）查苗补种。合理的基本苗是35万株/亩，15cm等行距播种的田块折算1m行长的株数为78.8株；如果大面积低于20万株/亩，即1m行长的株数小于45株，则需考虑补种。

（2）护青。农牧结合区此时应管护牛羊马，防止啃食及践踏，苗期植株积累的糖分等营养物质多积累于茎叶中，如被啃食会导致麦苗抗寒力下降。

（二）春小麦

1. 播前底肥使用参考方案

每亩用磷酸二铵15～18kg、尿素3～6kg（前茬为玉米时适当多施）、颗粒硫酸钾3～5kg、硫酸锌1～2kg，并节省1/3的滴灌带。

2. 种植模式

（1）采用24行播种机等行距种植，行距15cm，每播幅3.6m宽。

（2）小畦播种，风线区带打埂器每6行一畦（畦内60cm，田埂30cm），优点是利于灌水、利于铺设滴灌带。

3. 播种量

（1）塔额盆地春小麦品种较多，不同品种间的高产群体结构差异较大，总体是：基本苗35万～42万株/亩，最高总茎蘖70万～80万/亩，收获穗数35万～45万/亩；按照千粒重42g、出苗率85%计算，理论播种量为17.3～20.8kg/亩。

（2）就地力而言，在中产—中低产水平时，播种量应高；在中高产—高产水平时，播种量应低。

（3）春小麦越早播种越容易创高产，可在秋作物收获后及时秸秆还田，增施基肥，进行深秋翻，翻耕后及时平整，这样春季机械能进地时即可进行播种；另外，可在积雪未融化前进行破雪作业，以提早春小麦播期。

（4）塔额盆地春小麦种植除风线区外，地墒一般比较充足，播种绝大多数是适墒播种，但播后又会遭受持续性大风天气，往往表层土易被吹干，这就需要根据实际情况、品种不同等因素增加播种量，一般在整地质量较好的情况下，播种量22～27kg/亩（高于理论值），早播少量，晚播多量，以4月1日开播为例（播量22kg），每晚播1d增加播种量0.5kg，每亩播种量不得超过30kg，以免群体过大造成后期田间郁闭、病虫害高发和倒伏风险。

4. 播种技术要求

（1）种肥。推荐磷酸二铵5kg/亩或氮磷钾三元复混肥6～8kg/亩；若采用“种肥深分施”播种机，则可将部分底肥用量转为种肥使用。

（2）播深。4～5cm，超过6cm会导致籽粒过多营养被消耗在“地中茎”中形成弱苗；低于3cm会因接触不到地墒出苗困难。

（3）镇压。沙壤土需要进行镇压以利全苗；下潮地、盐碱地不应镇压以防止“风吹日晒”“下蒙头雨”过程造成土壤结壳、板结不利出苗。

（4）其他。播行端直，下籽均匀，接行准确，播深一致，覆土良好，行距固定，提放整齐，田边地头种满种严。

5. 出苗期管理

（1）查苗补种。春小麦播种后7～10d即可出苗，待苗出齐后应及时查苗；合理的基本苗是35万～42万株/亩，15cm等行距播种的田块折算1m行长的株数为78.8～90株；如果过低则需要补种，如果过高则需要加强后续管理。如遇板结出苗困难应破板作业。

（2）护青。农牧结合区此时应管护牛羊马，防止啃食及践踏。

第四节　越冬—返青期管理（冬小麦）

（一）雪前施药

雪前施药技术主要是为了预防雪腐病、雪霉病的为害，也可有效防治全蚀病等，降低田间病菌基数，以利于冬小麦顺利越冬。推荐措施：一般在下雪前（11月上旬左右），机械喷施25%三唑酮可湿性粉剂和多菌灵各50g/亩（或其他广谱杀菌剂）。

（二）护青

农牧结合区加强对马的管护，因马可取食雪层下的麦苗且将雪层破坏造成麦苗冻死或感病。

（三）破雪施肥施药

破雪施肥施药与雪前施药效果相当，但操作较复杂，两种措施可以选一种进行，能够有效预防冬小麦雪腐病和雪霉病；3月上旬积雪融化，田间积雪厚度10cm左右时采用撒肥机或播种机进行破雪施肥（俗称雪墒肥），每亩施用恶霉灵3g（有效成分量）+25%三唑酮可湿性粉剂60g+尿素5kg。

（四）划地条状施肥（切地条状施肥）

（1）待小麦返青，地表“露白”时，应及时使用播种机进行划地条状施肥。

（2）若之前开展过破雪施肥施药则不必加肥，仅用条播机“切”地；否则，加施3～5kg尿素以提高之后起身阶段干旱情况下的水分利用效率。

（3）该技术可起到保墒、抗旱、提地温、促弱转壮等作用。

（4）要求。将土壤划得松碎，深浅控制得当，防压苗且盖肥良好。

（五）注意

进行以上措施时，针对冬前或返青壮苗田、旺苗田，追肥应少或推迟进行。

第五节　分蘖—抽穗期管理

（一）化除化控

（1）冬小麦旺苗田起身拔节前（4月20日左右），应进行化控防中后期倒伏，为节省成本此时可同时进行化除（喷施除草剂）；推荐方案：除草剂（禾、阔双杀）+矮壮素200g/亩+磷酸二氢钾50g/亩，无风或小风天机械均匀喷雾；注意事项参考第六章内容。

（2）春小麦因实际生产中普遍大播量、品种类型多抗倒伏性差异大，均应在三叶一心至四叶一心期同时进行化除和化控（早春高温干旱天气如果持续过长，则不应采取化控措施）。推荐方案：除草剂（禾、阔双杀）+矮壮素200g/亩+磷酸二氢钾50g/亩，无风或小风天机械均匀喷雾。注意事项参考第六章内容。

（3）进入拔节期严禁使用激素类除草剂及化控药剂，以防产生药害（如后期畸形穗现象）。

（二）灌水追肥

（1）塔额盆地多数小麦产区因来水、通电普遍偏晚，加之春季大风天持续时间较长，滴灌区小麦在小麦起身前铺设滴灌带风险大或难以铺设滴灌带，造成灌第一水时间较理论时间偏晚。

（2）务必提前做好来水、通电、接滴灌带准备，及时灌水、追肥。

（3）冬小麦第一水（4月15日前后）追施尿素5kg/亩+硫酸钾1kg/亩，如果底肥未用锌肥则可追施七水硫酸锌1kg/亩；第二水（4月25日前后）应紧跟，根据生产情况约在第一水10～15d后（4月28日前后），此时已进入拔节期，此次追肥尿素7kg/亩+硫酸钾1kg/亩；第三水则进入孕穗期，此时旗叶已完全挑出，此次追肥尿素4kg/亩；穗期对水分敏感，此阶段田间缺水会导致减产严重。

（4）春小麦，因水电接通、大风导致铺设滴灌带延后等因素导致春小麦此时已过最佳水肥供应阶段，即二叶一心期，进第一水已偏晚，应追施尿素10kg/亩，如果底肥未用锌肥则可追施七水硫酸锌1kg/亩；第二水应紧跟，追施尿素7kg/亩，硫酸钾2kg/亩，起到壮秆作用；第三水则可缓浇（第二水10d后），追施尿素4kg/亩；穗期对水分敏感，此阶段田间缺水会导致减产严重。

（5）进入穗期以后，灌水要做到“无风抢灌，有风不灌，雨前停灌”以防倒伏。

（三）防治病虫

（1）旗叶挑出到抽穗阶段应密切关注病虫害发生情况，此阶段易出现的害虫有麦茎蜂、黑角负泥虫、皮蓟马、麦盾蝽等。

（2）根据病虫害测报结果及田间发生情况结合“一喷三防”措施进行田管，具体可参考附录“一喷三防”内容。

第六节　扬花—灌浆—成熟期管理

（一）灌水

（1）冬小麦，此阶段同玉米灌水时期进入重叠期，争水矛盾凸显，冬小麦进入灌浆阶段应满足至少两次充足灌水，此阶段高效栽培的主攻目标是“养根护叶，增粒增重”，收获前15～20d应停止灌水（下潮地早停，沙石地晚停），以防止高温下蒸腾作用加剧过早逼熟现象。

（2）春小麦，多数区域灌水方式应以少量多次为宜，一般此阶段应灌3～5次（沙石地勤灌），收获前15d应停止灌水，且最后一次灌水应轻灌；如与玉米争抢水矛盾突出，应及时调配好水源利用计划。

（3）灌水要做到“无风抢灌，有风不灌，雨前停灌”以防倒伏；遇极端高温（35℃）缓灌或清早夜晚轻灌。

（二）施肥

（1）冬春小麦进入灌浆阶段其根系吸收土壤养分能力下降，施肥应以叶面喷施为主，主要是结合“一喷三防”措施喷磷酸二氢钾及微量元素肥料，如果此阶段植株有变黄脱肥现象可施用液体氮肥作叶面肥。

（2）目前生产中多数春麦品种为大穗型，扬花后进入灌浆阶段为满足大强度灌浆特点应随水滴施尿素3kg/亩。

（三）病虫害防治

此时期结合“一喷三防”开展防病、防虫、防干热风措施，以防治小麦赤霉病为例，见花就喷，即穗抽齐后小麦扬花就可开展。参考附录“一喷三防”。

（四）收获期管理

籽粒水分降至12.5%时采用联合收割机及时收获清粮交售，有晾晒条件时可在籽粒水分降至14%时收获以获取最大产量，但应避开烂场雨。春小麦收获时应及时抢收防止芽麦（穗发芽）现象。

第七节　旱地（雨养）春小麦绿色高效栽培技术

（一）旱地春小麦生长特点

（1）塔额盆地旱地春小麦主要分布在额敏县辖区第九师165团、166团、167团、168团雨水丰沛的山区，以及裕民县沿山区。额敏县域内靠地表水灌区的山前平原（如喀拉也牧勒镇、玉什哈拉苏镇、霍吉尔特乡）常受降雪、降雨影响较大，个别年份或季节性缺水也类似于旱地春小麦。

（2）塔额盆地旱地雨养区不具备或受制于有效灌溉条件，降水量年际变化较大，年内分配也极不均匀，生长季降水主要集中在6—8月，春小麦的需水临界期是拔节到孕穗期，此时期的降水量较少。由于供水和需水期不相吻合，投入不足、广种薄收也使农田养分含量偏低。因此，旱地春小麦的栽培必须抓住水资源短缺这一主要矛盾，在品种的选择、肥料的投入、群体的控制以及其他高产栽培技术的应用上集成组装，最大限度地利用光、热、水等自然资源，提高作物产量。

（二）关键栽培技术

（1）品种。旱地小麦要选用抗旱、抗青干、适应性强和有一定丰产潜力的品种。这类品种具有如下形态特点：植株较高（水地种植）或生长势强；根系发达、茎秆韧性和弹性较好；分蘖力强；穗下节间长；叶片较窄，叶片和叶鞘上分布着一层白色茸毛。在生理特征上表现为细胞质浓度较高，呼吸强度较弱，前期发育较慢，后期灌浆速度快，落黄好。如果前期缺水，生长受到抑制，遇到适宜条件时能迅速生长，以补偿前期的不足，同样获得较高的产量。旱地栽培，不宜引种水地高产、大穗、矮秆类型品种，以免造成大面积减产。目前塔额盆地旱地春小麦主栽品种为宁春16号（早熟），根据上述抗旱品种特点可将“新旱688”（晚熟）作搭配品种。

（2）施足底肥。一般每亩施磷酸二铵18kg、尿素15kg、硫酸钾5kg。

（3）种子处理。选择大粒、饱满、均匀、纯净的种子，播种前必须进行包衣处理。

（4）适期早播，培育壮苗。由于该区域靠降水或地表水灌溉区，不能保证充足的水源，应创造条件早播（如秋天整地成待播状态），以促进分蘖和延长幼穗分化时间及一播全苗效果；播种量较水浇地应降低20%～30%，促进分蘖发生和个体发育，使幼苗生长健壮；播种方式改平播为小畦播种，90cm或60cm宽小畦，以利于均匀收集降水。种肥每亩用磷酸二铵5kg、尿素3kg。

（5）雨前条状施肥。四叶期至五叶期雨前1～2d及时条状施肥，每亩用尿素10kg。

（6）病虫草害防治。参照滴灌春小麦栽培技术措施。

（7）收获。完熟期籽粒水分降至12.5%时及时收获交售。

第四章　塔额盆地小麦常见病害及防治

塔额盆地小麦的病害类型和发生程度与北疆其他麦区既有相似之处，又有差异。本书结合生产中种植户关心的病害及发生概率大的病害进行介绍，并对一些非病害引起的症状进行辨析，以期使种植户科学判断、合理用药防治、降低成本、提高防效。

按发生规律看，塔额盆地小麦病害现象的先后顺序大致为：雪腐病、雪霉病、细菌性条斑病、全蚀病、锈病、白粉病、散黑穗病、黑胚病。

第一节　雪腐病

雪腐病属于真菌性病害，塔额盆地小麦主要病害之一，发生程度次于雪霉病且常同雪霉病混合发生（图4-1）。发生于冬小麦，又名雪腐菌核病，小粒菌核病，1877年发现于瑞典。在我国最早是1936年日本学者卜藏梅之丞在东北发现此病，新疆1954年在石河子首次报道发现此病。发病轻的田块因病株分蘖死亡导致减产，发病重的田块则缺苗严重甚至全田死亡（图4-2）。

图4-1　雪腐病和雪霉病混合发生，可见浅褐色菌核和浅粉色霉层（额敏县）

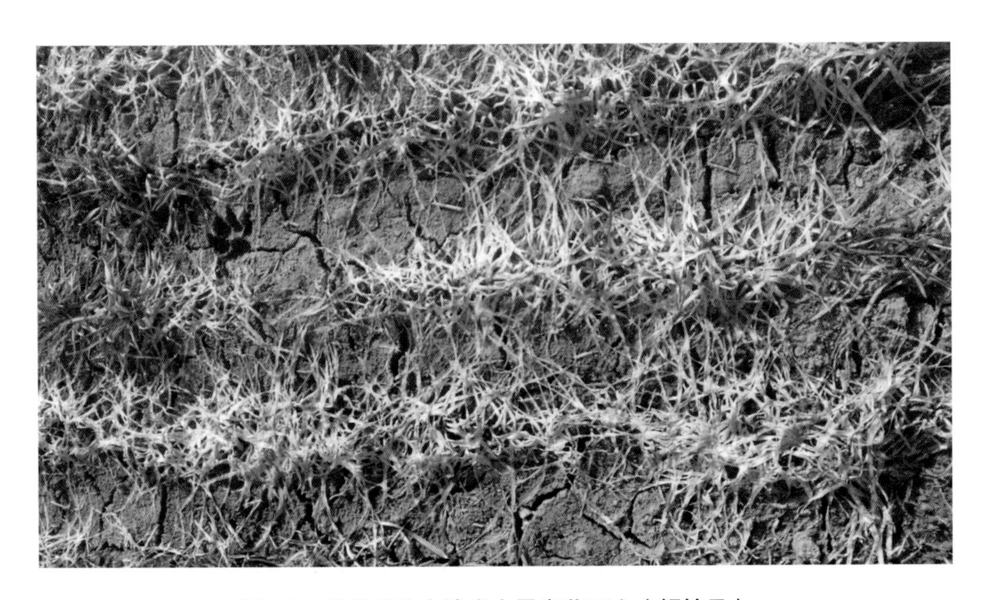

图4-2　雪腐病为主造成大量麦苗死亡（额敏县）

（一）为害症状

雪腐病为害幼苗根、茎、叶和叶鞘，多发生于12月至翌年3月的苗期（图4-3）。

（1）麦苗整株受害后，即在积雪下腐死，如开水烫过，根部也软化腐烂，根细易断且易整株拔起，去除覆盖的积雪可见受为害部位有白色毛状物（图4-4）。

图4-3　晚播弱苗田春季感病（额敏县）

图4-4　融雪初期感病麦苗（额敏县）

（2）3月末至4月初积雪融化后，重病苗呈灰白色枯死，伏卧地面；轻病苗仅根茎部分变褐色。此时查看病苗，根、叶及叶鞘枯死组织上生有谷粒大小的菌核（图4-5），菌核白色至浅褐色，菌核干燥后呈深褐色至黑褐色，圆形至椭圆形，最后变为球状至扁球状的微小硬块。因此，菌核的有无是雪腐病区别于冻死苗、旱死苗、盐碱死苗和淹死苗最主要特征。

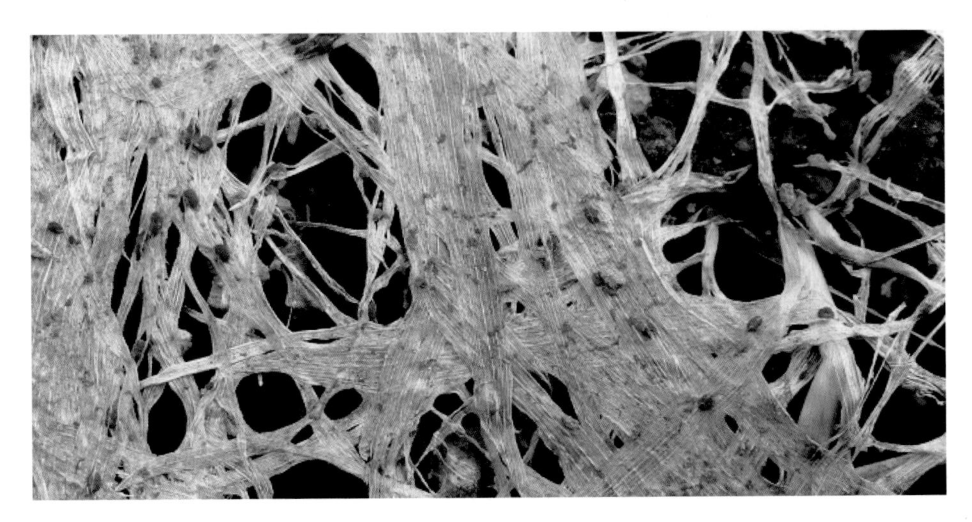

图4-5　雪腐病为害形成的浅褐色颗粒状菌核（额敏县）

（3）重病苗全部腐烂枯死（故名雪腐病）。轻病苗仅外叶或老叶及叶鞘枯死，生长点未受为害仍可继续生长发育，直观感觉是“化雪时腐烂枯死严重，之后又好转”。

（4）病苗上的白色毛状物为病原菌的菌丝体，是侵害组织器官的“元凶”，之后在病死苗上看到的颜色、大小、形状不同的小颗粒硬块则是“菌核”，菌核可休眠越夏继续侵染秋种的冬小麦。

（5）病原菌种类主要有核瑚菌属、惠氏核盘菌属、镰孢菌属等，塔额盆地发生的主要为核瑚菌属（禾草核瑚菌属和肉孢核瑚菌）侵染。

（二）发生规律

（1）发生于高寒积雪区，积雪越厚、有效积雪时间越长，越易发生且为害越大。

（2）病原菌在积雪下以菌丝形态蔓延为害，春季升温后停止为害，后形成菌核，菌核可在土中越夏或越冬（可存活2年）；秋末冬初低温时，菌核萌发生长发育后产生孢子，孢子成熟后飞散侵染麦苗，并在积雪后蔓延为害。但在新疆，是以菌核在土中产生菌丝直接侵染为害，因此合适的药剂拌种对本病具有很好的防治效果。

（3）低温高湿、冻融交替有利于发病，积雪覆盖、遮光多湿有利于菌丝发育，干燥、光照则菌核易形成，故雪量大、积雪时间长（120d以上）的年份发病重。

（4）早播感病概率大，并且晚播弱苗也易感病，因此要适期播种，培育壮苗，根据经验，塔额盆地冬小麦最适播期在9月20日至10月5日。

（三）防治措施

（1）抗寒性强的品种（如新冬18号），一般也较抗雪腐病。

（2）种子严格包衣，除能防治雪腐病、雪霉病外，还能兼防小麦腥黑穗病等种传病害。

（3）初雪前10d左右，喷洒三唑酮+多菌灵或广谱性杀菌剂，降低发病田病菌基数，并可兼防大部分菌核病。

（4）如>10cm厚度积雪超过100d以上（或>5cm积雪厚度120d以上），融雪前应及时监测预报，必要时进行破雪作业。

（5）与其他作物轮作倒茬，避免连作，适期、适量播种，底肥充足带肥下种，促进麦苗健壮；开春返青及时机械划地条状施肥，提升地温。

第二节　雪霉病

雪霉病属于真菌性病害，塔额盆地冬小麦主要病害之一。本病成灾能力与雪腐病相当，但发病条件较雪腐病苛刻，间歇性成灾，积雪早、地温未明显下降、湿度大以及翌年春季冻融交替时易暴发，一旦暴发几乎是毁灭性的（图4-6）。此病是塔额盆地冬小麦苗期的重要病害之一，近10年发病最重的年份为2017年，冬麦区各县乡镇场田块均有不同程度发生，超过30%田块毁种。

图4-6　雪腐病和雪霉病混合发生导致全田95%以上麦苗死亡

（一）为害症状

（1）为害植株地上各部（不为害根部，区别于雪腐病），小麦整个生长期均可发病，苗期受害最为严重。病害先发生于积雪下，融雪期病株呈灰白色腐死；发病田块，病苗及其周围地面均为白色菌丝体覆盖，菌丝一叶传一叶，常把死叶连一起，未受害部分叶片仍可继续生长（图4-7）。

图4-7　雪霉病为害后冬小麦返青情况

（2）病株基部叶鞘和心叶上都可产生粉红色—红褐色霉层（图4-8），融雪时，如果湿度大，温度也适宜，病死叶片上则长满粉红色的菌体。随着湿度降低及光照，淡红色的霉层变为灰色，田间病菌到夏季仍可感染植株，病穗常为空穗，且常长满玫瑰色霉菌，籽粒被侵染时也产生玫瑰色粉状霉菌，同赤霉病相似。

图4-8 雪霉病为害症状（粉红色—红褐色霉层）

（3）雪霉病菌有很多种类，但都是真菌病原。

（二）发生规律

（1）传染途径。有种子带菌和田间病残体两种。

（2）带病种子虽能发芽出苗，但出土前就有一部分死去，积雪厚时，病苗在积雪下即可死去。

（3）病株即使不死亡，后期抽出的穗也不能正常成熟，形成空穗并布满玫瑰色霉菌，带病种子会使麦苗秋季即发病。

（4）菌丝在4.3～32℃均可正常生长，最适生长温度是17～22℃，在30～32℃时生长会受抑制，早春低温对幼苗威胁最大。

（5）融雪初期田间湿度常达到90%以上，极利于菌丝生长，湿度降到60%，菌丝体就会消失。

（三）防治措施

（1）抗寒性强的品种，一般也较抗雪霉病，如新冬18号。

（2）同禾谷类以外的作物轮作，适期、适量播种培育壮苗。

（3）同雪腐病防治方法，种子严格包衣，初雪前10d左右，喷洒三唑酮+多菌灵或广谱性杀菌剂，降低发病田病菌基数。

第三节　细菌性条斑病

细菌性条斑病属于细菌性病害，塔额盆地小麦主要病害之一，特别在风线区应密切关注，成灾能力较强。该病病原为小麦黑颖病黄单胞菌（油菜黄单胞菌波形致病变种），菌体短杆状，两端钝圆，极生单鞭毛，大多数单生或双生，个别链状；大小（1～2.5）μm×（0.5～0.8）μm，有荚膜，无芽孢，革兰氏染色阴性，好气性细菌。

（一）为害症状

（1）主要为害小麦叶片，严重时也可为害叶鞘、茎秆、颖片和籽粒（图4-9）。

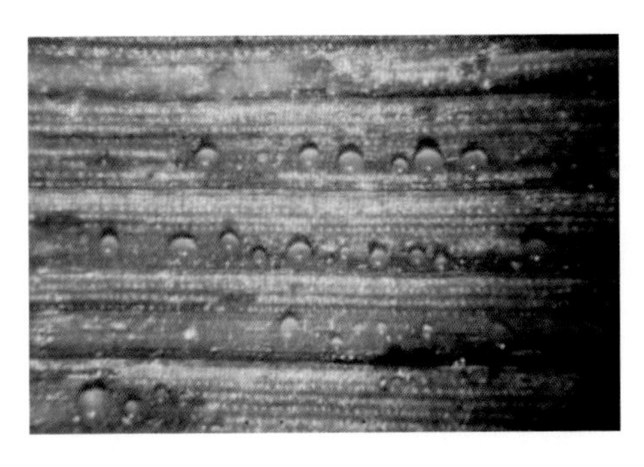

图4-9　细菌性条斑病为害叶片形成的菌脓及为害颖壳特征

（2）病部初现针尖大小的深绿色小斑点，后扩展为“半透明水浸状”的条斑，后变深褐色，常出现小颗粒状细菌脓，干燥后形成透明状“菌膜”（图4-10）。

图4-10　细菌性条斑病菌脓干燥后形成的透明状“菌膜”及田间为害后“叶枯”状

（3）褐色条斑出现在叶片上，故称细菌性条斑病。病斑出现在颖壳上的称黑颖，需要区别于生理性、遗传性黑颖。

（4）发病后期叶片变为焦灼状并逐渐干枯，对产量影响较大。

（二）发生规律

（1）病菌随病残体在土中或在种子上越冬，翌年春季从寄主的自然孔口或伤口侵入，经3～4d潜育即发病，在田间经暴风雨传播蔓延，进行多次再侵染。

（2）该病具有明显的发病中心，有别于真菌性病害孢子传播，主要靠风力使植株间叶片相互抖动将病原菌传播临近植株，特别是5—7月大的暴风雨次数多，造成叶片产生大量伤口，致细菌多次侵染，发病迅速，成灾性强。

（3）一般土壤肥沃，播种量大，施肥多且集中，尤其是施氮肥较多时，致植株密集、枝叶繁茂、通风透光不良则发病重。

（4）品种间的感病性差异较大，塔额盆地麦区主要是部分春小麦品种易发病。

（三）防治措施

（1）选用抗病品种，种子严格进行包衣。

（2）严格控制播种量，减少氮肥使用量，防止麦田过旺。

（3）大风暴雨过后及时监测发病情况，发病后及时使用叶枯唑、氢氧化铜、壬菌铜等防治细菌性病害的药剂防控。

第四节　全蚀病

全蚀病属于真菌性病害，也是检疫性病害之一，防治难度较大，塔额盆地小麦尚未见此病大面积发生。但其他麦区域有见发生，应密切关注，防止疫区种子流入，特别是应杜绝外调以粮代种现象。小麦全蚀病，又名立枯病，俗称“黑脚”。小麦患全蚀病后，分蘖减少，成穗率低，籽粒轻瘪，产量显著下降。

（一）为害症状

（1）全蚀病是一种根部病害，只侵染麦根和茎基部1～2节（图4-11）。

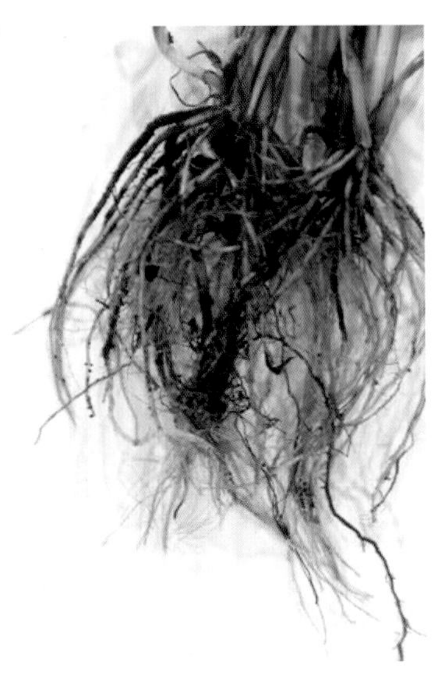

图4-11　全蚀病为害早期及中后期根部症状

（2）苗期病株矮小，下部黄叶多，种子根和地中茎变成灰黑色，严重时造成麦苗连片枯死（图4-12）。

图4-12　全蚀病为害后期症状及植株感染后田间表现

（3）拔节期冬麦病苗返青迟缓、分蘖少，病株根部大部分变黑，在茎基部及叶鞘内侧出现较明显灰黑色菌丝层。

（4）抽穗后田间病株成簇或点片状发生早枯白穗，病根变黑，易于拔起。在茎部表面及叶鞘内布满紧密交织的黑褐色菌丝层，呈“黑脚”状，后颜色加深呈黑膏药状，其上密布黑褐色颗粒状子囊壳。

（5）该病与小麦其他根腐型病害区别在于种子根和次生根变黑腐败，茎基部生有黑膏药状的菌丝体。

（二）发生规律

（1）小麦全蚀病菌是一种土壤寄居菌，该菌主要以菌丝遗留在土壤中的病残体或混有病残体未腐熟的粪肥及混有病残体的种子上越冬、越夏，割麦收获区病根茬上的休眠菌丝体成为下茬主要初侵染源。

（2）引种混有病残体种子是无该病地区新发生该病的主要原因。

（3）冬麦区种子萌发不久，夏病菌菌丝体就可侵害种根，并在变黑的种根内越冬。翌年返青，菌丝体也随温度升高而加快生长，向上扩展至分蘖节和茎基部，拔节至抽穗期，可侵染至第一节、第二节，由于茎基部受害腐解，病株陆续死亡。在春小麦区，种子萌发后在病残体上越冬菌丝侵染幼根，渐向上扩展侵染分蘖节和茎基部，最后引起植株死亡。病株多在灌浆期出现白穗，遇干热风，病株加速死亡。

（4）小麦全蚀病菌较好气，发育温限为3～35℃，适宜温度为19～24℃，致死温度为52～54℃（温热）10min。

（5）土壤性状和耕作管理条件对全蚀病影响较大。一般土壤土质疏松、肥力低的碱性土壤发病较重。土壤潮湿有利于病害发生和扩展，水浇地较旱地发病重。与非寄主作物轮作或水旱轮作，发病较轻。根系发达品种抗病较强，增施腐熟有机肥可减轻发病。冬小麦播种过早发病重。

（三）防治措施

（1）选用抗病品种，种子严格包衣。

（2）加强田间管理。春麦适当早播、冬麦适当晚播，发病轻；小麦后期遇到干热风，勤灌水，可以减轻发病程度；小麦收割后及时深翻，可以减轻发病程度。

（3）做好“一喷三防”工作。

第五节　锈　病

锈病属于真菌性病害，有3种，即条锈病（也称黄锈病）、叶锈病（也称褐锈病）、秆锈病（也称黑锈病），塔额盆地小麦条锈病发生概率及为害程度较大，为主要病害之一，成灾迅速，严重的可致小麦减产30%以上，叶锈病对生产影响有限、未见明显成灾，秆锈病尚未见发生。

（一）为害症状

3种锈病症状的主要异同点：在发病前期都产生锈粉斑点（夏孢子堆），但斑点颜色不同，有鲜黄色（条锈病）、红褐色（叶锈病）、深褐色（秆锈病）之别；到发病后期，都产生黑色斑点（冬孢子堆），但斑点大小不同，有小（条锈病）、中（叶锈病）、大（秆锈病）之别。

（1）小麦条锈病主要发生在叶片上（图4-13），其次是叶鞘和茎秆，穗部、颖壳及芒上也有发生。苗期染病，幼苗叶片上产生多层轮状排列的鲜黄色夏孢子堆；成株叶片初发病时夏孢子堆为小长条状，鲜黄色，椭圆形，与叶脉平行，且排列成行，像缝纫机轧过的针脚一样，呈虚线状，后期表皮破裂，出现锈色粉状物；锈点很小，一般为（0.5～1.0）mm×（0.3～0.5）mm。小麦近成熟时，叶鞘上出现圆形至卵圆形黑褐色夏孢子堆，散出鲜黄色粉末，即夏孢子。叶锈病在3种锈病中发生最早，病斑最小。

图4–13　条锈病发病早期和中后期症状（浅黄色锈粉斑点）

（2）小麦叶锈病也主要发生在叶片上（图4–14），其次是叶鞘、茎秆、穗部、颖壳及芒；前期在叶部散生大量圆形至椭圆形，橙黄色、橘红色至黄褐色的锈粉斑点（夏孢子堆），大小为（1.0～2.0）mm×（0.5～0.8）mm。病斑颜色的深浅，和它的成熟度及水分有关，新嫩多水者颜色较浅，渐老水少者色泽加深。色浅既不像条锈那样鲜黄，色深又不像秆锈那样暗褐。后期多在发黄和正在枯死的叶上，特别是在叶背和叶鞘上，散生卵形至椭圆形，暗褐色至暗黑色，具有银灰色表皮的小斑点（冬孢子堆）。本病的发生时期较条锈病迟，较秆锈病早；病斑大小较条锈病的病斑大，较秆锈病的病斑小。

图4-14　叶锈病发病症状（红褐色锈粉斑点）

（3）小麦的秆锈病主要发生于茎秆和叶鞘上（图4-15），其次是叶片和穗部；前期病部散生长椭圆形、梭形、麻疹状，棕红色至深褐色的锈粉斑点（夏孢子堆）；病斑的形状大小和品种的抗病、感病情况有关，极感病品种上的锈斑大且多，有时成条状或成片状；极抗病品种上的病斑则为淡黄色枯死斑；到发病后期，即接近小麦成熟时，前期病斑部位或其附近产生黑粉斑点（冬孢子堆）。冬孢子堆表皮虽易破裂并翻卷，但冬孢子却紧贴于冬孢子堆内，不轻易飞散。

图4-15　秆锈病发病症状（棕红色—深褐色锈粉斑点）

（二）发生规律

（1）3种锈菌夏孢子萌发和侵入要求叶面有水滴或水膜。因此，结露、下雾、降水都有利于锈病发生，以结露最为重要。叶面湿润时间过短，夏孢子也不能完成侵入。在叶面湿润的条件下，温度决定侵入速度和数量，在叶面有水的条件下，如果有最适温度时，侵入最短时间需8～10h。在侵入后期，光照开始成为主要作用，即光照越强、日照时数越长，则潜育期越短，产孢量也越大。营养充沛，氮肥偏多的麦田产孢子量大。

（2）3种锈病的发病适宜温度（侵入、潜育），条锈病最低，叶锈病居中，秆锈病最高。夏孢子萌发和侵染温度：条锈病最低温度为1.4～3℃，最适温度为9～13℃，最高温度为20～29℃；叶锈病最低温度为2℃，最适温度为13～20℃，最高温度为31℃；秆锈病最低温度为2℃，最适温度为18～24℃，最高温度为31℃。

（3）锈病的有效远程传染。有三个必备条件：一是菌源基地有大量夏孢子；二是有适当的上升气流、水平风力、下沉气流和降水（便于夏孢子上升、平移和下降）等系列天气条件的配合；三是孢子降落区有易感病的麦田。

（三）防治措施

（1）选用抗（耐）病品种，且至少对锈病具有中抗水平。

（2）种子严格包衣防治秋苗发病，控制越冬菌源。

（3）根据病情测报在病情指数达到防治标准时进行药剂防治，使用药剂见附录介绍。

第六节　白粉病

白粉病属于真菌性病害，塔额盆地小麦主要病害之一，每年均有不同程度发生，暴发后减产严重。近5年以2016年发病区域及程度最为严重，主要是该年份在小麦拔节—穗期雨水偏多导致田间湿度较大，且温度等气象条件极利于白粉病的暴发。

（一）为害症状

（1）本病发生于茎秆、叶片、叶鞘、颖壳、麦芒等地上各部，底部叶片最先发病，逐步向上部叶片蔓延，这种发病特征常常导致多数种植户发现此病时已到发病中期。

（2）初发病时，叶面出现1～2mm的白色霉点，后逐渐扩大为近圆形至椭圆形白色霉斑，霉斑表面有一层白粉（图4-16），遇有外力或振动立即飞散。这些粉状物就是该菌的菌丝体和分生孢子。

（3）被害叶片霉层下的组织，在初期无明显变化，随着病情的发展，叶片发生褪绿、发黄乃至枯死。颖壳受害时，能引起枯死，使麦粒不饱满甚至腐烂。发病严重的病株矮而弱，不能抽穗或抽出的穗短小。一般叶正面的病斑比叶背面的多，下部叶片比上部叶片被害重。

（4）后期病部霉层变为灰白色至浅褐色，病斑上散生有针头大小的小黑粒点，即病原菌的闭囊壳。该病可侵害小麦植株地上部各器官，但以叶片和叶鞘为主，发病重时颖壳和芒也可受害，整个植株从下到上均被灰白色的霉层覆盖。

图4-16　白粉病为害症状

（二）发生规律

（1）白粉病流行的条件。主要有两个：一是大面积种植感病品种；二是适宜发病的环境条件，即气温较低、空气湿润、阳光不足、通风不良。

（2）冬小麦春季发病菌源主要来自当地。春麦，除来自当地菌源外，还来自邻近发病早的地区。

（3）该病发生适宜温度15～20℃，且湿度大于70%可致流行，温度低于10℃或高于25℃发病缓慢，高于30℃时基本停止蔓延。

（4）偏施氮肥，麦株贪青徒长，尤其在倒伏情况下，发病往往严重；群体密度大发病也重，品种间抗性有明显差异。

（三）防治措施

（1）选用抗病品种，种子严格包衣。

（2）冬春麦连作区，春小麦收获后要及时秋翻，减少自生麦苗数量，减少秋苗菌源。

（3）加强栽培管理，提高植株抗病力，合理、均匀施肥，避免过多使用氮肥。

（4）根据病情测报在病情指数达到防治标准时进行药剂防治，药剂见附录介绍。

第七节　散黑穗病

散黑穗病属于真菌性病害，塔额盆地小麦非主要病害，但使用未包衣种子的田块较常见，俗称“黑疸”，自留种、未包衣种子一般发病率在0.2%～1%，主要在穗期显现明显病征。在塔额盆地冬春麦均可发生，但冬小麦发病率极低（多年调查病穗率小于1‰）。

（一）为害症状

（1）穗部受害。外部包有一层浅灰色薄膜，随后表皮破裂，黑粉散出，最后残留一条弯曲的穗轴（图4-17）。有时穗的上部有少数健全小穗，下部变为黑粉。在大多数情况下，病株主秆及分蘖全部抽出病穗，但有时部分分蘖未受到病菌的为害而生长正常。

（2）茎部受害。在田间不易看到，病部多发生在邻近穗轴的基部，孢子堆成疱状和条纹状，灰黑色。

（3）叶部受害。症状多出现在叶片的基部，其症状类似于茎部，发生也很少。

图4-17　小麦散黑穗（未包衣春小麦）

（二）发生规律

（1）小麦散黑穗病的病原菌以休眠菌丝在种皮或种子胚内越冬，因此，唯一的越冬方式是种子带病。冬孢子在田间只能存活几个星期，越冬后绝无侵染的可能性。

（2）在田间，小麦散黑穗的病菌的冬孢子主要由风力传播，通过伸出或张开的雄蕊颖壳裂口侵入内部。一般冬孢子（黑粉）可以传播到距发病中心100m以外的地方，最远能传播到1 000m以外，传播远近与风速和气流的运动有关。

（3）扬花和授粉期是病菌侵染的最适时期。当病菌冬孢子落到柱头、花柱、子房壁上后，24h就能萌发，先长出菌丝，在子房下部或籽粒冠毛基部，从子房壁表皮部分直接侵入，然后穿过珠被侵入珠心组织，再进入籽粒基部，潜伏于胚部。这一过程需要18d左右。病菌也可以从籽粒背部侵入，从种皮、珠心、胡粉层侵入至盾片，然后进入胚的分生组织。

（4）当带菌种子开始萌芽时，潜伏在盾片和生长点的菌丝体，随着上胚轴的生长，侵入第一节和幼苗的根茎节，最后进入穗部和其他分生组织。

（5）微风有利于孢子的传播，经常下小雨有利于孢子的萌发和侵入。大雨易将孢子淋入土中，失去侵染机会，故扬花期下大雨翌年发病轻。

（三）防治措施

（1）选用抗病品种，种子进行严格包衣，包衣是防治本病的最有效方法。

（2）加强检疫，杜绝种子田发病，以生产无病种子。

第八节　黑胚病

黑胚病属于真菌性病害，是塔额盆地小麦生产中常被忽视的一种病害，下潮地及成熟前后早晚结露区发病重，且春小麦通常发病较重，部分春麦品种因易感本病而导致其种植面积下滑。因其影响磨粉品质，收储标准中将黑胚粒（图4-18）列为不完善粒，一旦大面积感染，交售小麦时扣杂扣级严重。而且黑胚粒小麦还会降低小麦种子发芽势和发芽率。

图4-18　黑胚粒和正常粒

（一）为害症状

（1）常见的有3种致病菌，分别为链格孢属真菌、禾旋孢腔菌、镰刀菌（造成根腐叶斑病）。如果由前者致病则籽粒仅种皮带菌；如果由后两者致病则胚芽中也会带菌，会导致发芽势和发芽率降低。

（2）病原菌分生孢子在小麦乳熟后期开始侵染籽粒，随种子成熟，黑胚率增高。

（3）小麦感病后，胚部变褐色或黑褐色，严重的种胚皱缩除胚端外，种子的腹沟、种背等部位也有黑褐色斑块，变色面积甚至可超过种子表面积的1/2以上。

（二）发生规律

（1）小麦黑胚病的发生程度与品种抗性、区域、年份和农艺措施有关。

（2）小麦生育期间尤其是籽粒灌浆期间降水和露水强烈的地区，黑胚病发生较重；栽培中高氮肥和频繁的灌溉方式，亦会加重黑胚病的发生。

（3）感病情况品种间差异较显著，一般情况下，塔额盆地春小麦较冬小麦易发病，颖壳口松的品种易发病。

（4）下潮地发病重于沙壤土田块。

（三）防治措施

（1）选用抗病品种，种植不带黑胚种子，种子严格包衣。

（2）避免重茬，同其他非禾本科作物实行轮作。

（3）播种不可过深，做好氮、磷、钾与微肥的配合施用，增加土壤透气性。

（4）在小麦灌浆初期，若天气预报有连阴雨，应抓紧时间用药防治。

第九节　塔额盆地小麦病害绿色综合防治

塔额盆地小麦病害防治要贯彻“预防为主，综合防治，绿色植保”的植保方针，综合运用农业、生态、物理方法，以及施用生物农药、高效低毒低残留化学农药的方法，最大限度减少化学农药使用次数和使用量，将病害控制在经济允许损失水平之下。确保农业生产、农产品质量和农田生态环境安全，通过绿色综合防治，促进农业稳定发展、农民持续增收。

（一）绿色综合防治措施

针对前述的几种主要病害，提出以下主要绿色综合防治措施。

（1）加强检疫，严防那些危险性大的检疫病害（如全蚀病、小麦矮腥黑穗病、小麦普通腥黑穗病、小麦线虫病）传入。

（2）选用抗（耐）病的品种，这是防治病害最经济、最理想的方法。

（3）严格对种子包衣处理，可以防治雪腐病、雪霉病、全蚀病、散黑穗病等土传、种传病害，坚持年年使用包衣小麦种子播种的区域，这些病害的发生概率及程度都较为可控。

（4）加强栽培措施管理，同其他非禾本科作物实行轮作倒茬（避免土传病害）、合理密植、测土配方施肥培育壮苗可有效抵御病害的发生。

（5）药剂防治，在病害发生阶段适时、适量使用农药进行防治，特别是"一喷三防"工作应贯彻落实好；塔额盆地农业发展的优势是绿色有机，因此，小麦种植过程所用的农药必须按照农业部（现农业农村部）发布的NY/T 393—2013《绿色食品农药使用准则》的规定合理用药，而有机种植必须按照相关标准规定使用投入品（表4-1）。

（6）杀菌剂剂型选择，悬浮剂、水分散粒剂、微胶囊剂、水乳剂等是联合国推荐使用的环境友好型农药剂型。具有减少有机溶剂使用、对人畜相对安全、环境污染少等优点，对农药工业可持续发展、环境保护以及建设节约型社会都具有积极意义。

塔额盆地各县农业技术推广站每年各个病害发病期均会进行测报工作，种植户应当及时了解测报工作，按测报结果进行科学用药，避免盲目使用、滥用、贻误用药，以达到节本增效效果。

表4-1　A级绿色食品生产允许按标签规定使用的化学杀菌剂清单

名称	名称	名称	名称	名称
吡唑醚菌酯	噁霉灵	咯菌腈	醚菌酯	双炔酰菌胺
丙环唑	噁霜灵	甲基立枯磷	嘧菌酯	霜霉威
代森联	粉唑醇	甲基硫菌灵	嘧霉胺	霜脲氰
代森锰锌	氟吡菌胺	甲霜灵	氰霜唑	萎锈灵
代森锌	氟啶胺	腈苯唑	噻菌灵	戊唑醇

（续表）

名称	名称	名称	名称	名称
啶酰菌胺	氟环唑	腈菌唑	三乙膦酸铝	烯酰吗啉
啶氧菌酯	氟菌唑	精甲霜灵	三唑醇	异菌脲
多菌灵	腐霉利	克菌丹	三唑酮	抑霉唑

注：该清单每年可能根据新的评估结果进行修订。

（二）部分杀菌剂使用技术

（1）啶氧·丙环唑。商品名为法砣，美国科迪华专利产品，为甲氧基丙烯酸酯类杀菌剂啶氧菌酯和三唑类杀菌剂丙环唑的混剂。结合二者的优良特性，本品具有保护和治疗活性，杀菌谱广、活性高；且具有渗透、内吸和扩散分布能力，在植物中的重新分布能够既保护已有叶片，又能够保护新生组织，耐雨水冲刷；同时还能够促进作物健康，具有提高作物抗逆能力和显著增加作物叶绿素含量等特点。防治小麦白粉病和锈病，每亩用啶氧·丙环唑50～70mL进行喷雾。

（2）丙环唑。瑞士汽巴-嘉基公司（现先正达）最早开发合成，本品是三唑类杀菌剂，对病菌有预防、治疗和铲除三大作用，能被作物迅速吸收，耐雨水冲刷。可防治子囊菌、担子菌和半知菌引起的病害。防治小麦白粉病和锈病，每亩用250g/L丙环唑乳油33～40mL，即有效成分8.25～10g进行喷雾。

（3）吡唑醚菌酯。德国巴斯夫公司最早开发合成，为醌外抑制剂，阻止细胞色素bcl的电子转移，从而抑制线粒体的呼吸。防治小麦白粉病和锈病，每亩用25%吡唑醚菌酯悬浮剂30～40g，即有效成分7.5～10g进行喷雾。需要在白粉病和锈病发病初期使用，收获前至少35d使用，每季作物最多使用2次。

（4）氟环唑。德国巴斯夫公司最早开发合成，氟环唑（欧博）是一种具有治疗作用的三唑类内吸性广谱杀菌剂，能被植物的茎、叶吸收，并向上、向外传导，对小麦白粉病和锈病有效。防治小麦白粉病和锈病，每亩用125g/L氟环唑悬浮剂48～60mL，即有效成分6～7.5g进行喷雾。

（5）三唑酮。德国拜耳公司最早开发合成，是主要防治小麦白粉病的内吸性杀菌剂。它具有较好的保护、治疗和铲除效果。不仅在病害感染初期防效显著，而且在病症出现后，还能阻止病情扩展。按推荐剂量使用，对作物较安全。防治小麦白粉病和锈病，每亩用25%三唑酮可湿性粉剂50～60g，即有效成分12.5～15g进行喷雾。

（6）戊唑醇。德国拜耳公司最早开发合成，内吸性三唑类杀菌剂，具有保护、治疗及铲除作用，通过喷施可杀死作物表面真菌同时进入作物内传导，从而杀死内部的病菌，具有杀菌活性高、内吸性强、持效期长的特点。防治小麦白粉病和锈病，每亩用80%戊唑醇可湿性粉剂7～10g，即有效成分5.6～8g进行喷雾。

（7）噻唑锌。浙江新农化工最早开发合成，低毒的噻唑类有机锌杀菌剂，具有很好的保护和治疗作用，内吸性好。正常使用技术下对作物安全，能有效防治小麦细菌性病害（细菌性条斑病）。在小麦细菌性条斑病发病初期，每亩用20%噻唑锌悬浮剂100～125mL，即有效成分20～25g进行喷雾。

（8）叶枯唑。四川省化学工业研究设计院最早开发合成，内吸杀菌剂，具有保护和治疗作用。主要用于防治细菌性病害，持效期10～15d。产品为15%、20%、25%可湿性粉剂。防治小麦细菌性条斑病，每亩用25%叶枯唑可湿性粉剂100～150g，即有效成分含量25～37.5g，兑水30kg，在发病初期开始喷药，过7～10d再喷1次。

（9）咯菌腈。瑞士诺华公司（现先正达）最早开发合成，主要用于种子包衣。通过抑制葡萄糖磷酰化有关的转移，并抑制真菌菌丝体的生长，最终导致病菌死亡。作用机理独特，与现有杀菌剂无交互抗性。使用25g/L咯菌腈悬浮种衣剂200～300mL包衣100kg小麦种子，可用于防治多种作物种传和土传真菌病害，如散黑穗病、根腐病等。

（10）苯醚甲环唑。主要用作种子包衣剂，为内吸传导种子处理杀菌剂，可防治小麦散黑穗病、纹枯病和全蚀病。使用30g/L苯醚甲环唑悬浮种衣剂200～600mL包衣100kg小麦种子，可用于防治多种作物种传和土传真菌病害，如散黑穗病、根腐病等。注意苯醚甲环唑不宜与铜制剂混用，因为铜制剂能降低它的杀菌能力，如果确实需要与铜制剂混用，则要加大苯醚甲环唑10%以上的用药量。

第五章 塔额盆地小麦常见虫害及防治

第一节 麦秆蝇

麦秆蝇属双翅目黄潜蝇科。新疆最主要的一种是全体基本上为黄绿色的黄麦秆蝇，也有人叫它绿麦秆蝇，在塔额盆地麦区历史上未见大面积发生，其为害率也普遍较低，一般白穗现象中每百穗仅2穗左右是麦秆蝇为害造成的，多数白穗现象是由于其他原因造成，后续内容会详细区分，现阶段生产中不必过于关注此害虫。

（一）形态特征

成虫（图5-1）体长雄3.0 ~ 3.3mm，雌3.7 ~ 4.5mm。体黄绿色，幼虫绿色（图5-2）。复眼黑色，有青绿色光泽。腹部2/3部分膨大成棍棒状，黑色。胸部背面有3条黑色或深褐色纵纹，中央的纵线前宽后窄直达梭状部的末端，其末端的宽度大于前端宽度的1/2，两侧纵线各在后端分叉为二。越冬代成虫胸背纵线为深褐至黑色，其他世代成虫则为土黄至黄棕色。卵壳白色，表面有10余条纵纹，光泽不显著。末龄幼虫体长6.0 ~ 6.5mm。体蛆形，细长，呈黄绿或淡黄绿色。

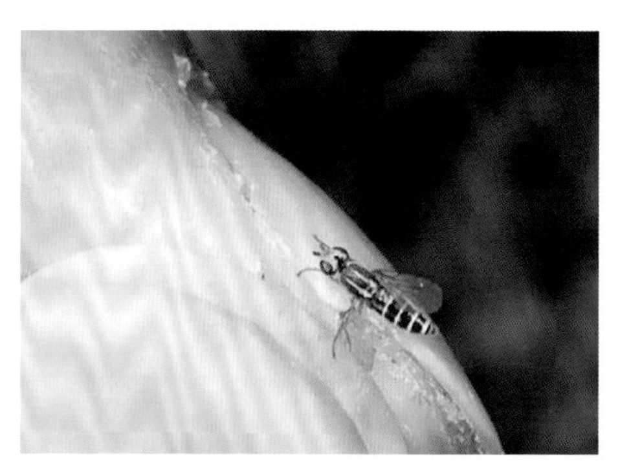

图5-1　麦秆蝇的成虫（左图拍摄于新疆农业科学院安宁渠冬小麦试验地）

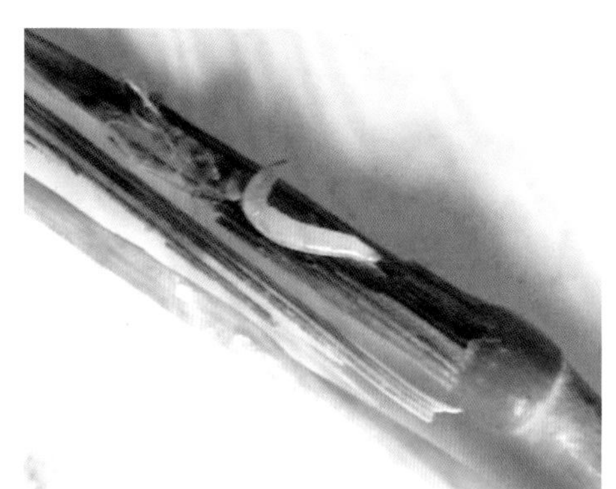

图5-2　麦秆蝇的幼虫及为害后形成的白穗现象

（二）生活习性

在冬麦区，麦秆蝇以幼虫在麦苗和野生寄主内越冬，翌年在返青的冬小麦上产卵为害，成虫早晚及夜间栖息在植株下部叶背面，白天在麦株上飞舞，遇强光和高温时，又潜伏于植株下部。在微风情况下，成虫活动性强，如风力达5～6级，则成虫潜伏不动。成虫对糖蜜有较强趋性，常在荞麦、豌豆、苜蓿上取食花蜜。成虫喜产卵于具有4～5个叶片的麦茎上，一般小麦在拔节末期着卵及幼虫入茎最多，拔节初期次之，抽穗期则极少。卵大部分产于叶面上。幼虫有转株为害的习性，一头幼虫可为害4个分蘖。

（三）为害特点

以幼虫钻入小麦等寄主茎内蛀食为害，初孵幼虫从叶鞘或茎节间钻入麦茎，或在幼嫩心叶及穗节基部1/5～1/4处呈螺旋状向下蛀食，形成枯心、白穗、烂穗（图5-2）。由于幼虫蛀茎时被害茎的生育期不同，可造成下列四种为害状：一是分蘖拔节期受害，形成枯心苗；二是孕穗期受害，因嫩穗组织被破坏并有寄生菌寄生而腐烂，造成烂穗；三是孕穗末期受害，形成坏穗；四是抽穗初期受害，形成白穗，其中，除坏穗外，在其他为害情况下全穗不结实。

越冬代成虫发生期与春季气温有关，温度高则出现早，为害重。成虫产卵对植株有严格选择性，拔节末期着卵最多，拔节初期次之，孕穗期更少，抽穗期则极少。麦秆蝇的发生消长与寄主植物的品种有密切关系，早、中熟品种比晚熟品种受害轻；生育期相同的品种，凡叶片基部较窄、茸毛长而密的品种着卵少，受害轻；相反则重。温度，尤其是早春的温度直接影响麦秆蝇越冬代的发生时间；而降水量则影响其发生量，尤其是暴雨，大雨对麦秆蝇产卵、卵的孵化及幼虫入茎均不利，降水会减少成虫的活动与产卵，已产的卵部分被冲刷掉。

（四）防治措施

（1）在塔额盆地麦秆蝇并不是小麦主要害虫，其为害率一般处于较低水平，白穗率现象一般在1%～2%，因此多数田块并不必防治；值得注意的是，塔额盆地5月常出现倒春寒现象，因受冻导致的白穗常常被误认为是麦秆蝇为害，这种情况会在后续自然灾害章节中进行区分。

（2）加强麦秆蝇预测预报，在5月中旬开始查虫，每隔2～3d于10时前后在麦苗顶端扫网200次，当200网有虫2～3头时，约在15d后即为越冬代成虫羽化盛期，是第一次药剂防治适期。

（3）农业防治。加强小麦的栽培管理因地制宜深翻土地，精耕细作，增施肥料，适时早播，适当浅播，合理密植，及时灌排等一系列丰产措施可促进小麦生长发育，避开危险期，造成不利麦秆蝇的生活条件，避免或减轻受害。

（4）药剂防治。在拔节期麦秆蝇成虫羽化产卵盛期，用10%吡虫啉可湿性粉剂2 500倍液或22%噻虫·高氯氟5mg/亩进行喷施。

第二节　麦茎蜂

麦茎蜂（图5-3）是一种食草性黄蜂的一种类型，膜翅目，1896年在加拿大首次报道为害小麦，在美国达科他州、蒙大拿州、怀俄明州是一种严重为害春小麦的害虫。在塔额盆地各春麦区均有不同程度发生，是主要害虫之一，特别是海拔高、近草场区发生较为严重，如喀拉也木勒和兵团第九师165团、167团、168团均发生较重。从发生历史情况看，塔额盆地仅在春小麦中发现麦茎蜂，但2019年冬小麦中发生也较普遍，主要是因为2018年秋季冬小麦播种普遍较晚，翌年春季各生育进程相应推迟，导致拔节孕穗阶段成虫易于为害，这与美国最早报道的发生规律相似。但20世纪80年代美国发现麦茎蜂也开始为害冬小麦，科学家断定麦茎蜂的进化速度加快了。

图5-3　麦茎蜂成虫及产卵过程

（一）形态特征

1. 成虫

体长8～2mm，腹部细长，体黑色，腿足黄色，触角丝状，翅膜质透明，前翅基部黑褐色，翅痣明显，雌蜂明显大于雄蜂，腹部第四、第六、第九节镶有黄色横带，腹部较肥大，尾端有锯齿状的产卵器。雄蜂3～9节亦生黄带，第一、第三、第五、第六腹节腹侧各具1个较大浅绿色斑点，后胸背面具1个浅绿色三角形点，腹部细小粗细一致。

2. 卵

白色，细长椭圆形，长约1mm，肉眼难以观察，常产于植株上部茎节内壁上（图5-4）。

3. 幼虫

早期无色透明（图5-4），很快变成奶油色带黑褐色头部的胶囊状；它们在茎内进食，随着它们成熟逐渐移动到基部茎节。受害的茎拨开常见有较多锯末状物，剥开受害茎秆发现幼虫会蠕动、呈“S”形（图5-5）。小麦茎中寄生的另一种害虫是麦秆蝇，它的幼虫体形较小，且无腿足，通过这一特征可区别于麦茎蜂。

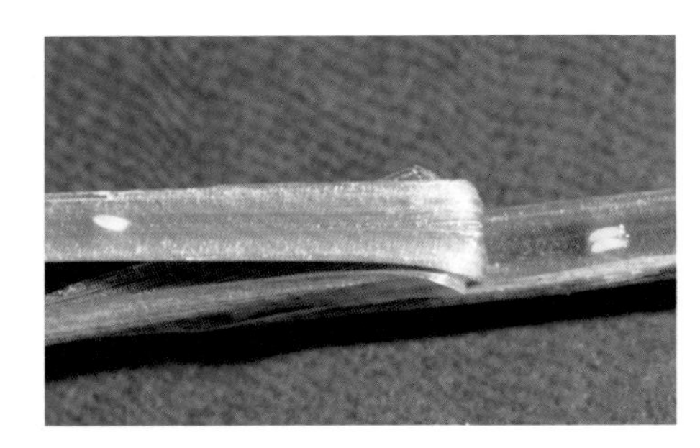

图5-4　麦茎蜂的卵和早期幼虫形态

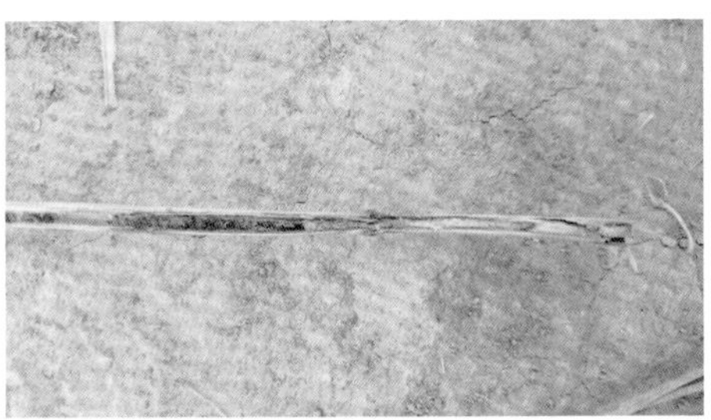

图5-5　麦茎蜂幼虫扭曲呈“S”形及在蛀空茎秆中产生的虫粪

（二）生活习性

麦茎蜂每年只发生一代。成虫在春季用3～5周的时间里从上一年的麦茬中破蛹而出。与大多数昆虫一样，化蛹时间由温度决定，并随纬度和区域种群而变化。雄蜂略微前于雌蜂化蛹，一旦雌蜂出现就会立即交配，除非恶劣的天气影响。成蜂不进食且通常只存活1周左右，但每个雌蜂可产多达50粒卵。像许多其他黄蜂一样，雌蜂可以控制其后代的性别。受精的卵发育成雌性，未受精的卵发育成雄性（孤雌生殖）。

（三）为害特点

雌蜂对寄主质量的敏感性较高，因为体形与茎直径相关，较大的雌蜂会产生更多的卵。因此，雌蜂倾向于在较粗的茎中产下受精卵。

麦田内高秆且早发育植株往往更适合雌蜂产卵。有很强的边际效应现象，田边地头受害程度高。有意思的是，即使幼虫相互蚕食，雌蜂也会在已经产过卵的植株中再次产卵，但通常最后只存活一只，且是第一次孵化的那只。

幼虫大约1个月经过五龄之后，便钻至植株基部茎节，在那里它们把茎进行环割，在下茎腔室中产生丝质茧，塞满茎的内腔并将顶端以虫粪覆盖越冬。经历3个月的休眠后，开始进入3周以上的蛹期（图5-6），在茎中产生蛹，等到翌年春末温度转暖成虫出现，此时的成虫迁飞能力较弱，会在最近的麦田进行产卵侵害。

图5-6　麦茎蜂在茎秆中化蛹

幼虫环割茎秆（图5-7）会导致植株抗倒伏能力下降。此外，幼虫取食会破植株养分输送组织，并在籽粒灌浆的关键时期降低植株的光合能力，严重的会导致白穗现象，且旗叶通常也提早干枯（图5-8），从而降低产量和籽粒蛋白质含量。千粒重和穗粒数均受到影响，一般会降低10%～80%

（图5-9），蛋白质含量减少约1%。

图5-7　切断后麦茬出现的虫粪堵塞（左侧）及钻孔（右侧）

图5-8　麦茎蜂为害后出现的白穗现象（旗叶已干枯）

人们通常会低估麦茎蜂为害对产量影响，因为具有较大产量潜力的植株更易先受到为害，2019年笔者在一处为害严重的春麦田估产，因麦茎蜂导致的减产损失超过50%，为害株数达68%。

图5–9　受害后籽粒干瘪（框中为正常籽粒）

（四）防治措施

（1）栽培措施。栽培措施是控制麦茎蜂的重要方法之一。一旦田块发现麦茎蜂，就应注意后茬避免小麦连作，因为这会导致麦茎蜂的种群数量迅速增加。据美国报道，将燕麦、黑麦等麦类非主要谷物以带状种植在小麦田周围，可以减少迁飞麦茎蜂对小麦的侵害并减少麦茎蜂种群，但是当麦茎蜂群体较大或当块田连作小麦残茬出现麦茎蜂时，这种方法无效。

（2）深翻耕对控制连作小麦麦茎蜂群体有良好的效果。改变翻耕习惯，深秋翻耕可降低群体数量的90%，而春季进行翻耕仅能降低25%的群体数量。

（3）选用抗麦茎蜂品种。据报道，茎秆实心或近实心品种抵御麦茎蜂的为害能力较强，但在塔额盆地并无此类品种可以推荐。

（4）农药防治。实际生产中，此方法的效果并不理想，较高的防效也仅能减少50%的麦茎蜂群体数量，主要是因为麦茎蜂成虫活动期并不进食，大大减少了它的暴露性，喷洒药剂必须在成虫产卵前被药液接触迅速击倒才见效；而且塔额盆地各麦区麦茎蜂化蛹时间不一致，最好的办法就是根据虫情测报集中、及时、连片地进行药剂防控，常用的农药是菊酯类杀虫剂，但并没有针对麦茎蜂防治的特效药。

（5）生物防治。主要是对小麦无害寄生蜂，目前有关防效的报道内容较少，在美国的部分小麦产区有科学家进行过一系列研究。

第三节 麦 蚜

麦蚜属同翅目蚜科，有多种，为害新疆小麦的主要有麦长管蚜、麦二叉蚜，在塔额盆地年际间发生规模和程度差异不大，但一般年份不是小麦主要害虫。

（一）形态特征

1. 麦长管蚜

体长2.4～2.8mm，体色黄绿至绿色。腹部背面两侧有褐斑。触角比身体长，第二节有感觉孔8～12个，前翅中脉分三叉，腹管长，超过腹部末端。

2. 麦二叉蚜

体长1.8～2.3mm，体色绿色，背中线深绿色，触角比身体短，第三节有感觉孔5～9个，前翅中脉分二叉，腹管短，多不超过腹部末端。

（二）生活习性

麦长管蚜与麦二叉蚜主要在杂草及麦田中越冬，春季，小麦恢复生长后，麦蚜开始为害、繁殖。主要以孤雌胎生繁殖，在气候和营养条件适宜时，产生无翅胎生雌蚜，当寄主老熟，营养条件差，气候恶劣时，大多产生有翅胎生雌蚜，并迁移至适宜的寄主上继续繁殖（图5-10）。

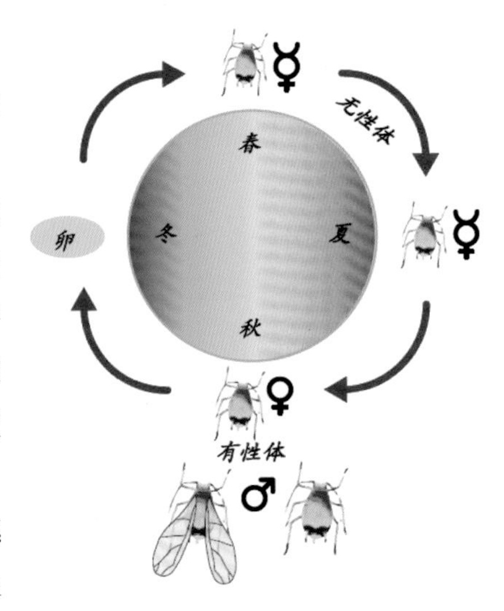

图5-10　蚜虫生活史图示

成虫和若虫刺吸麦株茎、叶和嫩穗的汁液。麦苗被害后，叶片枯黄，生长停滞，分蘖减少；后期麦株受害后，叶片发黄，麦粒不饱满，严重时麦穗枯白，不能结实，甚至整株枯死。小麦成熟时，各种麦蚜都飞离麦田，迁往其他禾本科植物（如玉米、自生麦苗及杂草）上继续为害、繁殖。夏季高温阶段，其繁殖受到一定限制。

（三）为害特点

麦蚜的为害主要包括直接为害和间接为害两个方面：直接为害主要指成蚜和若蚜吸食叶片、茎秆、嫩头和嫩穗的汁液（图5-11）。麦长管蚜喜光，多在植物上部叶片正面为害，抽穗后多集中在嫩穗上，灌浆期为害最严重，迅速增殖，集中穗部为害。麦二叉蚜怕阳光，喜在作物苗期或植株下部叶片为害，被害部形成枯斑，其他蚜虫无此症状。间接为害是指麦蚜能在为害的同时，传播小麦病毒病，其中以传播小麦黄矮病为害最大。

图5-11　小麦蚜虫为害穗和叶片

（四）防治措施

（1）保护天敌。麦蚜的天敌种类较多，主要由瓢虫、草蛉、蜘蛛、蚜霉菌等。在自然情况下，这些天敌常在麦蚜数量的高峰之后大量出现，对后期蚜量有一定的控制作用。

（2）耕作栽培技术的影响。秋季小麦播种过早时，蚜虫迁入早，虫量大，为害较重。合理施肥、灌水的小麦田，小麦生长好，可增强对麦蚜的抵抗力。

（3）适当采用药剂防治。注意农药品种的选择和严格掌握施药技术，避免对天敌的杀伤。防治重点是控制好穗期蚜量，减轻为害损失。小麦抽穗—灌浆期是小麦蚜虫上穗为害的高峰期，防治指标为穗期蚜株率达50%左右、百株蚜量达到500头左右时，应立即组织药剂防治。

第四节　麦　蝽

麦蝽属于半翅目蝽科，为害小麦的蝽类较多，在塔额盆地比较特殊而其他地方少见的是麦盾蝽，潜在为害性较大。调查额敏县上户镇冬麦区，近10年以2016年冬麦田受害最为严重，减产15%以上。

（一）形态特征

成虫体长9.0～10.5mm，被碾碎时具有特殊臭味（图5-12）。初产卵为浅绿色，球形，直径1.1mm左右，孵化喜光热，随温度升高及光照逐步转为黑褐色，雌虫多数情况下每次产卵排成2～3排共计14粒，可依据此特点区分其他虫卵（图5-13）。

图5-12　麦盾蝽成虫及产卵过程

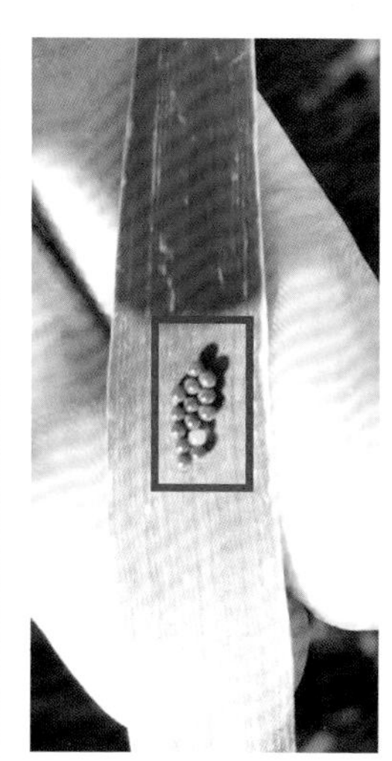

图5-13　叶片及芒上覆着的卵

（二）生活习性

一年发生一代，以老熟成虫在地势较高而干燥的林地、草场、枯枝落叶或土块下越夏越冬。春季，麦盾蝽飞回麦地进行补充营养，之后将卵产在小麦上部叶片上，也有在穗期产在麦芒上的情况出现。成虫产卵期较长，约持续1个月左右，一雌虫能产卵数十粒至百粒。卵经9～16d孵化，初孵化的若虫聚在一起，3～4d便分散到叶片、茎和麦穗上吸食。若虫共蜕皮5次，若虫期长达35～40d，由于成虫产卵期持续较长，若虫羽化期也拖得较长，一直拖到麦收时节。麦熟后，成虫飞出麦田，到温度、湿度比较合适的越冬场所越冬。

（三）为害特点

麦盾蝽会用锐利的喙刺穿茎的中部和基部，强烈地吸食汁液，造成茎叶枯萎死亡，不枯死则生长缓慢（图5-14）；遇到风雨天气，它仍能隐藏到土块下或植株根际。主茎在抽穗前或抽穗初期被刺，会使种子发育不良或产生白穗。小穗被刺后会造成穗上部分发白或全部发白。籽粒灌浆期为害最为严重，被吸食的麦粒，不仅千粒重降低，发芽率也显著降低。被刺伤处形成黑色斑点，使加工成的面粉品质下降。

图5-14　麦盾蝽为害麦穗

（四）防治措施

（1）靠近草场近的区域发生程度一般较高，春季将田边地头枯草进行清理后喷洒一遍农药缩小成虫群体。

（2）挑旗至灌浆期密切关注虫口密度，一般使用高效氯氟氰菊酯+吡虫啉或噻虫嗪防治效果较佳。

第五节　黑角负泥虫

黑角负泥虫属鞘翅目负泥虫科，其幼虫腹背常负有自己排除的褐色黏稠液，故俗称负泥虫。负泥虫为害多种禾本科作物，采用黑角负泥虫这个名字意在与为害其他禾本科谷类的负泥虫区分开来，是塔额盆地冬春麦区偶发害虫，但一旦发生成灾迅速。

（一）形态特征

1. 成虫

体长4～4.5mm，触角为黑色。前胸背板为橙红色，但前后缘均为红黑色。鞘翅暗绿色，具有金属光泽，共有10行稀疏的圆形刻点。腿节和胫节也是橙红色，但腿节基部、胫节端部和趾节则为黑色（图5-15）。

图5-15　黑角负泥虫的成虫及幼虫

2. 卵

长0.9～1.2mm，初产时橘黄色，至孵化前逐渐转为黄红色。

3. 幼虫

成长幼虫体长约4mm，头小，黑褐色，仅有褐色胸足3对。其腹部中后段特别膨大，经常背负有自身分泌的大量黏液，形似一滴污泥（图5-15）。

4. 蛹

长3～4.3mm，红褐色，藏于地下椭圆形大茧中，茧长3.2～4.7mm。

（二）生活习性

一年发生一代，以成虫在草地、林间及麦田3～5cm深处的土茧中越冬。越冬成虫于4月末至5月初出蛰，进行补充营养，将叶片咬成长圆形的孔洞，不久即开始产卵。卵常5～6粒成行，如链状，产卵期可持续2个月。5月下旬幼虫孵化，为害盛期在6月至7月上旬，因此对春小麦为害大于冬小麦。幼虫取食量远大于成虫，幼虫发育历期随孵化期和温度变化，一般2～3周。

老熟幼虫在排出腹背上所覆盖的黏液之后，从土缝中钻入地下，吐蜡絮状物做茧，然后化蛹其中，蛹期20d左右，羽化的成虫多数当年不出土，留在地下越冬。

（三）为害特点

靠近草场、沿山高海拔区和凉爽湿润的麦田发生程度较高，就作物而言为害程度顺序为燕麦>大麦>春麦>冬麦。主要以幼虫为害为主，它们生活在叶片的正面，仅剥食上表皮和一部分叶肉而留下下表皮，形成白色条纹状（图5-16），且为害速度迅速。严重时叶片失绿、扭曲，甚至干枯，最终导致植株光合作用能力下降，籽粒灌浆变差，变得小而不饱满。

图5-16　黑角负泥虫为害小麦叶片情形

（四）防治措施

（1）及时翻耕。前茬特别是禾谷类作物收后及时灭茬深翻耕，以消灭成虫降低虫口基数。

（2）用抗虫品种。小麦叶片茸毛多的品种，成虫产卵少，幼虫成活率低，叶片每平方毫米有茸毛30～50根的属于抗虫品种，目前可推荐品种较少。

（3）药剂防治。成虫大量产卵前或幼虫孵化后，可选用22%噻虫·高氯氟5mg/亩等药剂进行喷雾。成虫大量产卵前施药，最好大面积联防，效果较好。

第六节 皮蓟马

皮蓟马属缨翅目，皮蓟马科，成虫黑色有光泽，若虫为红色，所以常称为小红虫，因其为害时活动较隐蔽而常常被种植户忽视的一种害虫。塔额盆地各麦区均有不同程度发生，但未见成灾。

（一）形态特征

1. 成虫

黑褐色，体长1.25～2mm，翅2对，边缘均有长缨毛，腹部10节，末端延长成管状，称为尾管（图5-17）。

图5-17 皮蓟马成虫（右图为旗叶鞘中聚集形态）

2. 卵

乳黄色，长椭圆形，0.2mm×0.45mm，初产白色。

3. 若虫

无翅，初孵淡黄色，后变橙红色—鲜红色，但触角及尾管黑色。

4. 蛹

前蛹及伪蛹体长均比若虫短，淡红色，四周生有白毛。

（二）生活习性

一年发生一代，以若虫在麦茬、麦根及晒场地下10cm左右处越冬，日平均温度8℃时开始活动，约5月中旬进入化蛹盛期，5月中下旬开始羽化成虫，6月上旬为羽化盛期，羽化后大批成虫飞至麦株，在上部叶片内侧、叶耳、叶舌处吸食液汁，逐渐从旗叶叶鞘顶部或叶鞘裂缝处侵入尚未抽出的麦穗，破坏花器，一旗叶内有时可群集数十至数百头成虫，当穗头抽出后，成虫又飞至未抽出及半抽出的麦穗内，成虫为害及产卵时间仅2～3d。成虫羽化后7～15d开始产卵，多为不规则的卵块，卵块的部位较固定，多产在麦穗上的小穗基部和护颖的尖端内侧。每小穗一般有卵4～55粒，卵期6～8d。幼虫在6月上中旬（冬小麦）小麦灌浆期，为害最盛。7月上中旬陆续离开麦穗停止为害。

（三）为害特点

小麦专性害虫，为害小麦花器，灌浆乳熟时吸食麦粒浆液，使麦粒灌浆不饱满。严重时麦粒空秕。还可为害麦穗的护颖和外颖，颖片受害后皱缩、枯萎、发黄、发白或呈黑褐斑，被害部极易受病菌侵害，造成霉烂、腐败。发生期与小麦的生育期密切相关，不论冬小麦或春小麦属早、晚熟品种，还是播种早晚，成虫（黑色）发生高峰期都在小麦抽穗末期，若虫（红色）发生高峰期在小麦灌浆期，成虫和若虫吸食小麦浆液（图5-18），形成白穗籽粒干瘪，一般造成减产5%～10%，小麦重茬地发生较重。小麦皮蓟马发生程度与前作及邻作有关，凡连作麦田或邻作也是麦田，则发生重。另与小麦生育期有关，抽穗期越晚为害越重，反之则轻。一般早熟品种受害比晚熟品种轻，春麦比冬麦受害重。

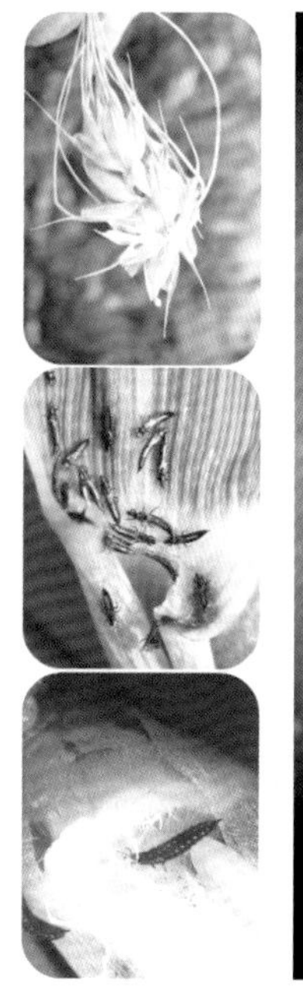
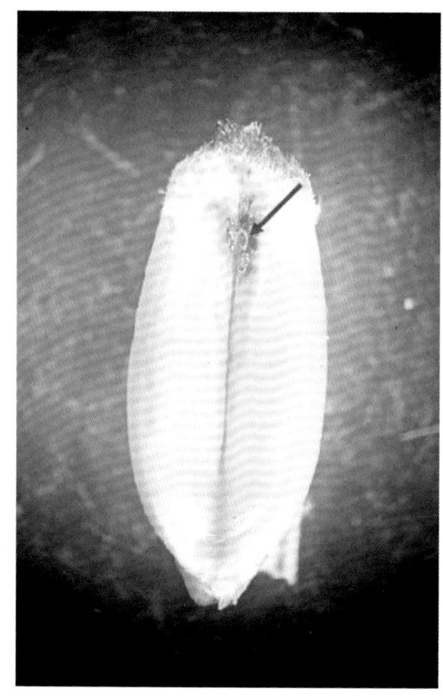

图5-18　皮蓟马为害症状

（四）防治措施

（1）进行合理的轮作倒茬，春麦田要早播；秋后及时进行深耕，压低越冬虫源。

（2）清除晒场周围杂草，破坏越冬场所。

（3）因为害部位较隐蔽，多使用内吸型杀虫剂防治，在小麦孕穗期和灌浆期可选用吡虫啉、啶虫脒、噻虫嗪等进行防治。

第七节　塔额盆地小麦虫害绿色综合防治

新疆有着独特的生态地理特点，新疆的昆虫种类属古北区系，其中又以中亚细亚区种类占显著优势，塔额盆地的害虫种类也不例外。内地许多属东方区系的种类，在新疆几乎无分布。为害塔额盆地小麦的害虫中，除麦茎蜂的防治较困难外，其他种类害虫为害在科学防治措施下均可控。

（一）绿色综合防治措施

针对前述的害虫种类及为害特点，提出以下绿色综合防治措施。

（1）加强植物检疫，严防检疫性害虫（如小麦黑森瘿蚊等）侵入。

（2）合理调整作物布局，合理轮作，可以有效防止因作物单一造成某一种害虫暴发的概率和程度。

（3）合理运用栽培措施，如麦收后及时灭茬深耕，是消灭地下越夏或越冬的小麦皮蓟马、黑角负泥虫、蚜虫等害虫的有效措施；合理密植、平衡施肥培育壮苗可减轻部分害虫的为害。

（4）选用适宜品种，并进行严格包衣处理，无病壮苗才能更有效抵御害虫为害。

（5）物理措施，如黑光灯诱杀。

（6）安全使用农药，保护害虫天敌资源，如捕食蚜虫的瓢虫。

（7）药剂防治，在虫害发生阶段适时适量使用农药进行防治，特别是“一喷三防”工作应贯彻落实好（附录“一喷三防”）；但要注意的是遵照绿色食品生产标准种植的小麦，必须按照农业部（现农业农村部）发布的NY/T 393—2013《绿色食品农药使用准则》规定合理用药（表5-1）。

（8）杀虫剂剂型选择，同杀菌剂一样，悬浮剂、水分散粒剂、微胶囊剂、水乳剂等是联合国推荐使用的环境友好型农药剂型。具有减少有机溶剂使用，对人畜相对安全，环境污染少等优点，对农药工业可持续发展、环境保护以及建设节约型社会都具有积极意义。

塔额盆地各县农业技术推广站每年对虫害发生期均会进行测报工作，种植户应当按测报结果进行科学用药，避免乱用、滥用、贻误用药。对于较难防控的害虫（如麦茎蜂等）应及时按照本区域测报结果进行统防统治，以达到节本增效的目的。

表5-1　A级绿色食品生产允许按标签规定使用的化学杀虫剂清单

杀虫剂	杀虫剂	杀虫剂	杀虫剂
S-氰戊菊酯	毒死蜱	抗蚜威	灭蝇胺
吡丙醚	氟虫脲	联苯菊酯	灭幼脲
吡虫啉	氟啶虫酰胺	螺虫乙酯	噻虫啉
吡蚜酮	氟铃脲	氯虫苯甲酰胺	噻虫嗪

（续表）

杀虫剂	杀虫剂	杀虫剂	杀虫剂
丙溴磷	高效氯氰菊酯	氯氟氰菊酯	噻嗪酮
除虫脲	甲维盐	氯菊酯	辛硫磷
啶虫脒	甲氰菊酯	氯氰菊酯	茚虫威

注：该清单每年可能根据新的评估结果进行修订。

（二）部分杀虫剂使用技术

（1）S-氰戊菊酯。系日本住友化学株式会社研究开发的具有较高杀虫效力的合成除虫菊酯类杀虫剂，用于小麦登记的剂型有50g/L S-氰戊菊酯乳油。对防治小麦蚜虫效果较好，对麦秆蝇、麦茎蜂、麦盾蝽等也有一定防效，以触杀胃毒为主。每亩用50g/L S-氰戊菊酯乳油12～15mL，折合有效成分0.6～0.75g。

（2）吡虫啉。一种硝基亚甲基杀虫剂，是尼古丁乙酰胆碱受体的效应体，硝基亚甲基内吸杀虫剂，是烟酸乙酰胆碱酯酶受体的作用体，干扰害虫运动神经系统，使化学信号传递失灵，无交叉互抗性问题，用于防治刺吸式口器害虫及其抗性害虫，具有触杀、胃毒和一定的熏蒸作用。用于小麦登记的剂型有10%、20%、25%、50%吡虫啉可湿性粉剂，5%吡虫啉乳油，以及600g/L吡虫啉悬浮种衣剂等。对小麦蚜虫、皮蓟马防治效果较佳。可每亩用10%吡虫啉可湿性粉剂30～40g，折合有效成分3～4g。

（3）啶虫脒。为氯代烟碱吡啶类化合物，对害虫具有触杀和胃毒作用，并有较强的渗透作用，通过与乙酰胆碱受体结合，抑制乙酰胆碱受体的活性，来干扰害虫内神经传导作用，可杀死小麦上蚜虫。用于小麦登记的剂型有5%乳油，5%、20%、70%可湿性粉剂等。对小麦蚜虫、皮蓟马防治效果较佳。可每亩用5%啶虫脒可湿性粉剂30～40g，折合有效成分1.5～2g。

（4）毒死蜱。一种有机磷杀虫剂，作用于昆虫的神经系统，具有触杀、胃毒和一定的熏蒸作用。可杀死小麦上的蚜虫、皮蓟马、负泥虫、麦盾蝽等害虫。用于小麦登记的剂型有480g/L乳油、40%乳油等。可每亩用480g/L毒死蜱乳油15～25mL，折合有效成分7.2～12g。毒死蜱目前已禁止在蔬菜上使用，属限制使用农药。

（5）高效氯氰菊酯。一种拟除虫菊酯类非内吸性杀虫剂。具有触杀、胃毒作用。属神经毒剂，通过与害虫钠通道相互作用而破坏其神经系统的功能，使其死亡。具有生物活性较高，击倒速度较快，残效期较长等特点。可有效杀死小麦蚜虫、皮蓟马、黑角负泥虫、麦盾蝽等害虫。用于小麦登记的剂型有2.5%、4.5%乳油等。可每亩用2.5%高效氯氰菊酯乳油20～30mL，折合有效成分0.5～0.75g。

（6）高效氯氟氰菊酯。一种拟除虫菊酯类杀虫剂。具有触杀、胃毒作用。属神经毒剂，通过破坏害虫神经系统的功能，使其死亡。常同内吸行杀虫剂复配或混配使用，用于防治小麦蚜虫等多种害虫。用于小麦登记的剂型及复配剂型较多，如2.5%微乳剂等。可每亩用2.5%高效氯氟氰菊酯微乳剂30～50mL，折合有效成分0.75～1.25g。

（7）噻虫嗪。一种广谱杀虫剂，具有内吸、触杀和胃毒作用，主要通过选择性控制昆虫神经系统的乙酰胆碱酯酶受体，阻断昆虫中枢神经系统的传导而起作用，机理同吡虫啉、啶虫脒相似。其能够较好防治小麦蚜虫、皮蓟马等害虫。用于小麦登记的剂型主要有25%水分散颗粒，并常同高效氯氟氰菊酯复配扩大杀虫谱。可每亩用25%噻虫嗪水分散颗粒8～10g，折合有效成分2～2.5g。

（8）辛硫磷。一种有机磷类光谱杀虫剂，具有强触杀和胃毒作用。能有效控制小麦蚜虫、皮蓟马、黑角负泥虫、麦盾蝽等为害。用于小麦登记的剂型主要是复配剂型，即同拟除虫菊酯、吡虫啉等复配。使用方法可参照农药说明书。

第六章 塔额盆地小麦田常见杂草识别与防除

第一节 禾本科杂草

（一）野燕麦

塔额盆地小麦田禾本科杂草中的主要恶性杂草，燕麦属，俗称苏鲁、乌麦、燕麦草。

1. 形态特征

（1）幼苗。地中茎明显、细长，嫩白。芽鞘短，一般不延伸至地表；分蘖节浅，靠近地表1～2cm。叶片初出时卷成筒状，细长，扁平，叶尖钝圆，叶片灰绿色，正、背面均疏生柔毛，叶缘有倒生短毛。叶舌大，乳白色，膜质透明，先端具不规则齿裂。无叶耳，叶鞘上着生有短毛及稀疏长纤毛。

（2）成株。茎丛生或单生，直立，光滑，株高40～150cm，主茎伸长节间由4～6节组成（图6-1）。叶互生，扁平，长条形，长15～30cm，宽0.5～0.8cm，叶片表面着生稀疏茸毛。叶鞘松弛光滑，叶舌较大，透明膜质，无叶耳。圆锥花序，开展，长10～30cm，花序散开或稍贴紧，呈塔形。小穗长2～2.5cm，含2～3朵小花，穗柄弯曲下垂。

图6-1　野燕麦成株及小穗形态

（3）籽实。每小穗含2～3朵小花结出的颖果，第一颖果大、籽粒饱满、颜色深、毛多；第二颖果次之，第三颖果小、颜色浅、少毛或无毛，多数空秕。颖果纺锤形，底部有“蹄口”状关节，周围生茸毛。有腹沟，淡棕色柔毛。外稃背面中部稍下，有一个粗壮麦芒，长2～4cm，棕、黄相间，扭曲似花色绳股（图6-2）。种子为内外稃所包裹而不分离，成熟时一同脱落。

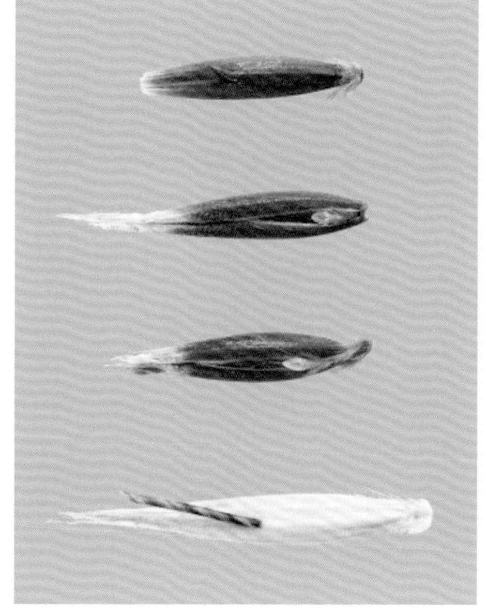

图6-2　小麦田苗期混生的野燕麦（叶色较淡）及其种子特征

2. 为害特点

（1）恶性。塔额盆地小麦田特别是春小麦田的杂草中野燕麦占有绝对优势，具有恶性杂草的3个特点：种子繁殖量多、难以清除、生产上为害大。

（2）休眠性。野燕麦种子休眠期的长短和休眠程度的强弱与种子成熟度、籽粒大小和环境条件有关。一般大粒种子休眠期短、休眠程度弱，而小粒种子则相反。野燕麦种子在田内分布在不同土层中，在条件不适应的情况下，休眠期可以保持多年。

（3）不一致性。野燕麦种子发芽、出苗、抽穗、成熟不一致，且大多早于小麦成熟，因此难以铲除。当年落地的种子一般不发芽，翌年发芽的也仅为20%～50%，一般经过3年，才完全出苗。野燕麦的萌发出苗与土壤5cm地温有明显关系。当地表5cm地温达到10℃时开始出苗。土壤过干或过湿都不能发芽出苗。种子在表层的发芽率高，距土表越深发芽率越低。野燕麦抽穗期延续时间长，一般抽穗2～3d开花，开花后3～5d灌浆，抽穗到成熟，最短13d，最长29d。

（4）竞争性。野燕麦混生于小麦中，生活力强，生长繁茂，发育快，生长占有优势。根系发达，植株高大，繁殖系数高，同小麦争水、争肥、争空间能力强。苗期野燕麦生长缓慢，主要扩展根系，与小麦争水、争肥。穗期则生长迅速，争光、争空间，造成小麦减产。

（5）落粒性。野燕麦种子有穗顶端向下依次成熟，边成熟边落粒。至小麦收获时，野燕麦有80%以上的种子已经落至地面，导致野燕麦在麦田中再次侵害。

（6）移动性。野燕麦外稃上着生芒，受潮时易吸水转动，带动种子位移，芒失水也会带动种子转动。这样反复的位移，使种子转移到土壤中。

（7）再生性。野燕麦的再生能力强，拔出时如果分蘖节残留地中，仍能再生新蘖，继续生长发育。

（8）抗逆性。野燕麦抗旱、耐高温、耐病虫为害，其种子经牲畜吞食后排出仍有发芽能力。

（9）交售的粮食中野燕麦种子量多时，扣级压价严重；小麦种子中混有野燕麦时清粮设备也难以完全清除，影响小麦种子质量。

（二）狗尾草

禾本科一年生杂草，又名谷莠子、毛毛草。塔额盆地旱田小麦主要为害杂草之一，缺苗断垄的麦田常发生严重。

种子发芽适宜温度为15～30℃，种子出土适宜深度为2～5cm，土壤深层未发芽的种子可以存活10～15年，6—9月为花果期，一株可结数千至上万粒种子。

幼苗胚芽鞘紫红色，第一片直叶长椭圆形，具21条直出平行脉，叶舌呈纤毛状，叶鞘边缘疏生柔毛。叶耳两侧各有1个紫色红斑。

植株直立，基部斜上。叶鞘圆筒形，有柔毛状叶舌、叶耳，叶鞘与叶片交界处有一圈紫色带。穗状花序狭窄呈圆柱状，形似“狗尾”（图6-3）；常直立或微弯曲。数枚小穗簇生，全部或部分小穗下托以1枚至数枚刚毛，刚毛绿色或略带紫色，颖果长圆形，扁平，外紧包以颖片和稃片，其第二颖与小穗等长。

图6-3　狗尾草成株

（三）雀麦

禾本科，雀麦属，一年生杂草。塔额盆地近草场区麦田常有发生，田边地头群体较大。

秆直立，叶鞘闭合，被柔毛；叶舌先端近圆形，两面生柔毛。圆锥花序，向下弯垂；分枝细，小穗黄绿色，颖近等长，脊粗糙，边缘膜质，外稃椭圆形，草质，边缘膜质，微粗糙，顶端钝三角形，芒自先端下部伸出，基部稍扁平，成熟后外弯；两脊疏生细纤毛；小穗轴短棒状，花果期5—7月（图6-4）。

雀麦具有密度大、根系发达、群体高、繁殖力强等特点，是小麦条锈病病原的主要寄主之一，秋后其干枯植株也是部分小麦害虫的良好越冬场所。

图6-4　雀麦成株及穗形态

（四）稗草

禾本科，稗属，一年生杂草，同时也是优质牧草，又名稗子草、野稗草。喜湿润，小麦田低洼积水处常见。

秆丛生，高40～100cm，扁平，光滑，基部斜升或膝曲，上部直立。叶片与叶鞘光滑无毛，近等长，无叶舌。圆锥花序直立或下垂，上部紧密，下部稍松散，绿色；小穗密集于穗轴的一侧，长约5mm，有硬疣毛；颖具3～5脉；第一外稃具5～7脉，有长5～30mm的芒；第二外稃顶端具有小尖头、边缘卷抱内稃。颖果椭圆形，光滑，有光泽。花前期全株为鲜绿色；花后或果后，渐由叶开始变色，呈褐色到红紫色（图6-5）。

分蘖力强，分蘖数目因土质环境不同而异，大约一株可分蘖出40～50个。根系发达，成株后不宜拔除。

图6-5　稗草及穗形态

（五）看麦娘

禾本科、看麦娘属一年生。塔额盆地渠灌区小麦田边地头常见杂草。

秆少数丛生，细瘦，光滑，节处常膝曲，叶鞘光滑，短于节间；叶舌膜质，叶片扁平，圆锥花序圆柱状，灰绿色，小穗椭圆形或卵状长圆形，颖膜质，基部互相连合，脊上有细纤毛，侧脉下部有短毛；外稃膜质，先端钝，等大或稍长于颖，下部边缘互相连合，隐藏或稍外露；花药橙黄色，花果期5—7月（图6-6）。

看麦娘是白粉病病原及部分害虫的寄主之一。

图6-6　看麦娘成株及穗形态

（六）马唐

禾本科，马唐属一年生杂草。喜湿润条件，近草场区小麦田边地头常见。

秆直立或下部倾斜，膝曲上升，无毛或节生柔毛。叶鞘短于节间，无毛或散生疣基柔毛；叶片线状披针形，基部圆形，边缘较厚，微粗糙，具柔毛或无毛。穗轴直伸或开展，两侧具宽翼，边缘粗糙；小穗椭圆状披针形，脉间及边缘大多具柔毛；第一外稃等长于小穗，具7脉，中脉平滑，两侧的脉间距离较宽，无毛，边脉上具小刺状粗糙，脉间及边缘生柔毛；第二外稃近革质，灰绿色，顶端渐尖，等长于第一外稃。花果期6—9月（图6-7）。

马唐是雪腐病病原及部分害虫寄主之一。

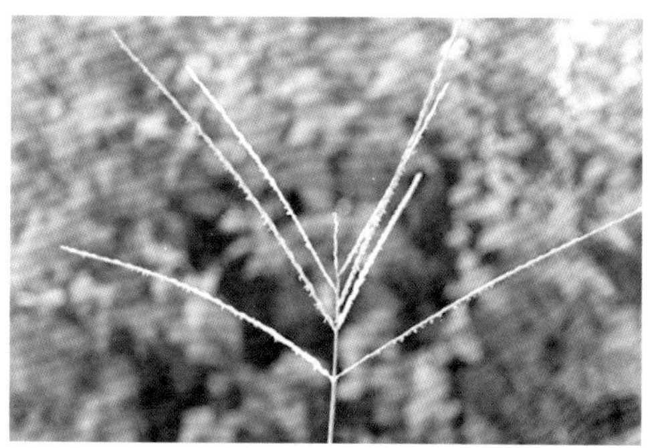

图6-7　马唐成株及穗形态

第二节　阔叶杂草

（一）藜

双子叶植物，一年生，藜科，藜属，又称灰灰菜、灰条、灰藜、灰绿藜等。塔额盆地小麦田常见杂草。

茎直立，粗壮，具条棱及绿色或紫红色色条，多分枝；枝条斜生或开展。叶片菱状卵形至宽披针形，长3～6cm，宽2.5～5cm，先端极尖或微钝，基部楔形至宽楔形，上面通常无粉，有时嫩叶的上面有紫红色粉，下面多少有粉，边缘具不整齐锯齿；叶柄与叶片近等长，或为叶片长度的1/2

（图6-8）。花果期6—10月。

适应性强、成株高大、根系发达、种子繁殖量多，常寄生蚜虫等害虫，与小麦争水、肥、空间能力强，常引起小麦减产。往往降水量多的年份，翌年麦田大发生，如塔额盆地2016年降水偏多，2017年麦田灰藜大发生。

图6-8 藜苗期及成株形态

（二）播娘蒿

十字花科，播娘蒿属一年生杂草，塔额盆地小麦田常见杂草（图6-9）。

株高20～80cm，全株呈灰白色。茎直立，上部分枝，具纵棱槽，密被分枝状短柔毛。

图6-9 播娘蒿成株形态

叶轮廓为矩圆形或矩圆状披针形，长3～7cm，宽1～2.4cm，二至三回羽状全裂或深裂，最终裂片条形或条状矩圆形，长2～5mm，宽1～1.5mm，先端钝，全缘，两面被分枝短柔毛；茎下部叶有柄，向上叶柄逐渐缩短或近于无柄。

总状花序顶生，具多数花；具花梗；萼片4片，条状矩圆形，先端钝，边缘膜质，背面具分枝细柔毛；花瓣4瓣，黄色，匙形，与萼片近等长；雄蕊比花瓣长。

长角果狭条形，长2～3cm，宽约1mm，淡黄绿色，无毛。种子1行，黄棕色，矩圆形，长约1mm，宽约0.5mm，稍扁，表面有细纹，潮湿后有胶黏物质。花果期6—9月。

喜潮湿土壤，近草场区麦田常见，根系发达，竞争性强，易导致小麦减产。

（三）苍耳

菊科，苍耳属一年生草本，塔额盆地小麦田恶性杂草、竞争性杂草之一（图6-10），温度回升后生长迅速且根系发达，防除较为困难。

株高20～90cm。根纺锤状，分枝或不分枝。茎直立不枝或少有分枝，下部圆柱形，直径4～10mm，上部有纵沟，被灰白色糙伏毛。

图6-10 苍耳及为害麦田情况

叶三角状卵形或心形，长4～9cm，宽5～10cm，近全缘，或有3～5片不明显浅裂，顶端尖或钝，与叶柄连接处成相等的楔形，边缘有不规则的粗锯齿，有三基出脉，侧脉弧形，直达叶缘，脉上密被糙伏毛，上面绿色，下面苍白色，被糙伏毛；叶柄长3～11cm。

雄性的头状花序球形，直径4～6mm，有或无花序梗，总苞片长圆状披针形，长1～1.5mm，被短柔毛，花托柱状，托片倒披针形，长约2mm，顶端尖，有微毛，有多数的雄花，花冠钟形，管部上端有5宽裂片；花药长圆状线形；雌性的头状花序椭圆形，外层总苞片小，披针形，长约3mm，被短柔毛，内层总苞片结合成囊状，宽卵形或椭圆形，绿色，淡黄绿色或有时带红褐色。

在瘦果成熟时变坚硬，连同喙部长12～15mm，宽4～7mm，外面有疏生的具钩状的刺，刺极细而直，基部微增粗或几不增粗，长1～1.5mm，基部被柔毛，常有腺点，或全部无毛；喙坚硬，锥形，上端略呈镰刀状，长2.5mm，常不等长，少有结合而成1个喙。瘦果倒卵形。花期7—8月，果期9—10月。

根系强大，为害性强，常至小麦减产，种子常附着牲畜皮毛随迁移传播。

（四）田旋花

为旋花属，双子叶植物，为多年生草本。塔额盆地部分小麦田恶性杂草之一，小麦成熟后如不及时防除会严重影响联合收割机收割质量和进度。

根状茎横走。茎平卧或缠绕，有棱。叶柄长1～2cm；叶片戟形或箭形，长2.5～6cm，宽1～3.5cm，全缘或三裂，先端近圆或微尖，有小突尖头；中裂片卵状椭圆形、狭三角形、披针状椭圆形或线性；侧裂片开展或呈耳形。花1～3朵腋生；花梗细弱；苞片线性，与萼远离；萼片倒卵状圆形，无毛或被疏毛；缘膜质；花冠漏斗形，粉红色、白色，长约2cm，外面有柔毛，褶上无毛，有不明显的五浅裂；雄蕊的花丝基部肿大，有小鳞毛；子房两室，有毛，柱头2个，狭长。蒴果球形或圆锥状，无毛；种子椭圆形，无毛。花期5—8月，果期7—9月。

在大发生时，常成片生长，密被地面，缠绕向上，强烈抑制小麦生长，甚至造成小麦倒伏。根深，抗逆性强，防除困难，小麦成熟期仍正常生长，常造成小麦收获机械缠绕导致收获困难（图6-11）。

图6-11　田旋花成株形态

（五）卷茎蓼

双子叶植物，蓼科，一年生，因种子似立体三角状，又称为“三角籽”草、野荞麦等（图6-12）。小麦田恶性杂草，塔额盆地各区麦田发生程度有加重趋势。

图6-12　卷茎蓼成株为害小麦及种子形态

茎缠绕，长1～1.5m，具纵棱，自基部分枝，具小突起。叶卵形或心形，长2～6cm，宽1.5～4cm，顶端渐尖，基部心形，两面无毛，下面沿叶脉具小突起，边缘全缘，具小突起；叶柄长1.5～5cm，沿棱具小突起；托叶鞘膜质，长3～4mm，偏斜，无缘毛。

花序总状，腋生或顶生，花稀疏，下部间断，有时成花簇，生于叶腋；苞片长卵形，顶端尖，每苞具2～4朵花；花梗细弱，比苞片长，中上部具关节；花被五深裂，淡绿色，边缘白色，花被片长椭圆形，外面3片背部具龙骨状突起或狭翅，被小突起；果时稍增大，雄蕊8个，比花被短；花柱3个，极短，柱头头状。

瘦果椭圆形，具二棱，长3～3.5mm，黑色，密被小颗粒，无光泽，包于宿存花被内。花期5—8月，果期6—9月。

大发生时同田旋花类似，成片生长，缠绕小麦，抑制生长，争水肥、争光、争空间造成小麦减产。但其根系较浅，易拔除。

（六）猪殃殃

双子叶植物，茜草科，拉拉藤属杂草，小麦田边地头及旱田常见。

多枝、蔓生或攀缘状草本，通常高30～90cm；茎有四棱角；棱上、叶缘、叶脉上均有倒生的小刺毛（图6-13）。

图6-13　猪殃殃成株形态

叶纸质或近膜质，6～8片轮生，稀时为4～5片，带状倒披针形或长圆状倒披针形，长1～5.5cm，宽1～7mm，顶端有针状凸尖头，基部渐狭，两面常有紧贴的刺状毛，常萎软状，干时常卷缩，一脉，近无柄。

聚伞花序腋生或顶生，少至多花，花小，有纤细的花梗；花萼被钩毛，萼檐近截平；花冠黄绿色或白色，辐状，裂片长圆形，长不及1mm，镊合状排列；子房被毛，花柱二裂至中部，柱头头状。

果干燥，有1～2个近球状的分果片，直径达5.5mm，肿胀，密被钩毛，果柄直，长可达2.5cm，较粗，每片有1颗平凸的种子。花果期5—10月。

（七）蓟

菊科，蓟属，多年生杂草，又名小蓟草、大蓟、刺儿菜，塔额盆地小麦田常见杂草，多生于田边地头、路边、渠边。

多年生草本，块根纺锤状或萝卜状，直径达7mm。茎直立，30～150cm，分枝或不分枝，全部茎枝有条棱，被稠密或稀疏的多细胞长节毛，接头状花序下部灰白色，被稠密茸毛（图6-14）。

植株大叶片茂盛，根系发达，生长发育快，常寄生多种害虫。

图6-14　蓟的幼苗及成株形态

（八）刺苋

苋科，苋属，一年生杂草，果成熟后，穗部具硬刺（图6-15），触碰如针扎奇疼无比，塔额盆地小麦田常见杂草，被国家列入第二批外来入侵物种名单中。

株高30～100cm；茎直立，圆柱形或钝棱形，多分枝，有纵条纹，绿色或带紫色，无毛或稍有茸毛。叶片菱状卵形或卵状披针形，顶端圆钝，具微凸头，基部楔形，全缘，无毛或幼时沿叶脉稍有茸毛。胞果矩圆形，在中部以下不规则横裂，包裹在宿存花被片内。种子近球形，直径约1mm，黑色或带棕黑色。花果期7—11月。

图6-15 刺苋成株及果穗形态

第三节 塔额盆地小麦田杂草绿色综合防除

小麦田杂草的防除应贯彻“预防为主，综合防除”的方针，树立“公共植保，绿色植保”理念。塔额盆地小麦种植区多属农牧结合区，杂草种类繁多，但恶性、竞争性强、难以防除的杂草类型相对较少。要掌握各种恶性杂草的发生规律，在杂草发生为害之初或未明显造成为害之前防除。另外，要尽可能防止杂草扩散蔓延。

（一）农业防除

（1）合理轮作。避免作物结构单一，尽可能同非禾本科作物进行轮作。

（2）深翻整地。通过深耕、深翻将散落于地表的杂草种子翻埋于土壤深层25cm以下，以有效抑制其萌发出苗。

（3）人工防除。在杂草成熟前，进行人工拔除。

（4）加强植物检疫，严防调运种子中带有恶性杂草或毒性杂草（如毒麦）。

（5）对小麦种子进行严格清选、精选，将混入的杂草种子清除。

（6）渠灌区在灌水前仔细清理渠沟杂草，以防杂草种子随水流入麦田。

（二）化学防除

（1）应选用低毒、环境友好型除草剂，剂型尽量使用悬浮剂、水分散粒剂、微胶囊剂、水乳剂。

（2）严禁小麦田土壤喷施化学药剂封闭除草，因塔额盆地小麦田春季多低温高湿，易产生药害。

（3）苗期茎叶处理，在冬小麦起身拔节前，春小麦“三叶一心”至“四叶一心”阶段喷洒化学除草剂进行防治。

（4）中后期化学防除，小麦进入拔节以后除非草害发生程度严重，否则不宜化除，此时选用除草剂应选用对小麦影响小的安全型除草剂。

（5）严格按照除草剂使用说明或当地农技推广部门指导意见进行喷施。

（6）遵照绿色食品生产标准种植的小麦，必须按照农业部（现农业农村部）发布的NY/T 393—2013《绿色食品农药使用准则》的规定合理使用除草剂。

（三）防除禾本科杂草常用除草剂种类及特性

1. 啶磺草胺

（1）常见商品名。咏麦、优先。

（2）杀草谱。对小麦田常见的看麦娘、日本看麦娘、野燕麦、雀麦、多花黑麦草、硬草等禾本科杂草和婆婆纳、野老鹳草、荠菜、播娘蒿、繁缕等阔叶杂草有良好防效，对早熟禾、茵草和猪殃殃的防效不佳。

（3）混配性。可以与麦喜（58g/L双氟·唑嘧胺悬浮剂）、使它隆（氯氟吡氧乙酸）、苯磺隆、苄嘧磺隆、溴苯腈、二甲四氯等防除阔叶杂草的除草剂混用，以扩大对阔叶杂草的杀草谱，但不能与唑草酮制剂混用。该药在土壤中的降解半衰期平均为13d，残留期短，不会对后茬作物造成不良影响。

（4）使用技术。活性较高，施药时应严格按照推荐剂量、施药时期和方法施用，否则易造成药害。优先7.5%啶磺草胺水分散粒剂一般用12.5g/亩，草龄较大时可适当增加用量，但不能过量，以免对小麦造成不良影响。在禾本科杂草出齐后越早用药越好，小麦起身拔节后不能使用。施药后部分小麦品种会出现黄化现象，但不会造成死苗，后期可恢复生长，对产量没有影响。施药后2d内不能有大的寒流天气，最低气温低于0℃时停止用药，以免对小麦造成药害。

2. 炔草酯

（1）常见商品名。麦极。

（2）杀草谱。炔草酯对野燕麦、看麦娘、硬草、菵草、棒头草等防效突出，对早熟禾防效不佳。

（3）混配性。同苯磺隆、氯氟吡氧乙酸等防除阔叶杂草的除草剂或防除禾本科杂草的唑啉草酯可以混配，扩大杀草谱。

（4）使用技术。小麦三叶期至拔节前每亩用麦极（15%可湿性粉剂）20g可有效防除禾本科杂草，在晴天高温天气用药效果较好，喷药后4～6h遇降水应补喷。对低温的适应性好，低温环境下施药不会对麦苗造成不良影响（个别春性小麦品种例外），虽然杀草速度会减慢，但不影响最终防效。不能用于大麦和燕麦田。

3. 精噁唑禾草灵

（1）常见商品名。骠马。

（2）杀草谱。可防除看麦娘、棒头草、硬草、菵草、稗草、野燕麦及狗尾草等麦田常见一年生禾本科杂草。

（3）混配性好。同苯磺隆、氯氟吡氧乙酸等防除阔叶杂草的除草剂可以混配，但同2,4-滴异辛酯及二甲四氯混配会产生一定的拮抗效应，影响杀草速度。

（4）其他特点。小麦三叶期至拔节前每亩用骠马（69g/L精噁唑禾草灵水乳剂）60mL可有效防除禾本科杂草，该药对小麦安全性好，施药适期宽，在低温期正常使用对麦苗通常无不良影响，但在温度较高的时段施药有利于提高防效。

4. 唑啉草酯

（1）常见商品名。爱秀，大能（唑啉草酯和炔草酯复配）。

（2）杀草谱。芽后防除小麦和大麦田一年生禾本科杂草，如看麦娘、阿皮拉草、野燕麦、黑麦草和狗尾草等。

（3）混配性好。同炔草酯复配可扩大禾本科杂草杀草谱，可同防除阔叶杂草的苯磺隆、双氟磺草胺等复配，但不能同激素类除草剂（如2,4-滴异辛酯、二甲四氯、麦草畏等）混用。

（4）其他特点。小麦田每亩用爱秀（5%唑啉草酯乳油）80mL可有效防除一年生禾本科杂草，唑啉草酯用药适期灵活，在小麦二叶一心期至旗叶期均可施药，最佳时期为田间大多数禾本科杂草出苗后三至五叶期。避免在极端气候，如气温大幅波动前后3d内，干旱，低温（霜冻期）高温，日最高温度低于10℃，田间积水，小麦生长不良或遭受涝害、冻害、旱害、盐碱害、病害等胁迫条件下使用，否则可能影响药效或导致作物药害。

（四）防除阔叶杂草常用除草剂种类及特性

1. 双氟磺草胺

（1）常见商品名。普瑞麦、麦施乐、锐超麦（氟氯吡啶酯同双氟磺草胺复配剂）。

（2）杀草谱。双氟磺草胺本身有效杀草谱不高，对播娘蒿、荠菜、野油菜、猪殃殃、繁缕、牛繁缕、大巢菜、稻槎菜、黄鹌菜等难防杂草，并对麦田中难防除的泽漆（大戟科）有非常好的抑制作用。完美的混配性及耐低温性使其混配其他除草剂扩大杀草谱。

（3）混配性。双氟磺草胺是小麦田最常用的混配制剂，安全性高。

（4）使用技术。双氟磺草胺为内吸传导型除草剂，可以传导至杂草全株，因而杀草彻底，不会复发。低温下药效稳定，即使是在2℃时仍能保证稳定药效。

2. 氟氯吡啶酯

（1）常见商品名。麦施乐、锐超麦（氟氯吡啶酯同双氟磺草胺复配剂）、优麦达（15%啶磺草胺+5%氟氯吡啶酯）。

（2）杀草谱。复配剂杀草谱广，对猪殃殃、繁缕防效显著。

（3）混配性。氟氯吡啶酯属合成激素类除草剂，目前国内登记的只有陶氏的3个混剂产品，也可与炔草酯等防除禾本科杂草除草剂混配。

（4）使用技术。对小麦高度安全、适用时期宽，小麦三叶后除去拔节期和扬花期均可应用，对下茬作物安全。

3. 氯氟吡氧乙酸

（1）常见商品名。使它隆。

（2）杀草谱。本品是传导型苗后茎叶处理除草剂，适用于小麦、玉米和水稻田埂等多种作物防除多种恶性阔叶杂草，如猪殃殃、卷茎蓼、马齿苋、龙葵、繁缕、巢菜、田旋花、鼬瓣花、酸模叶蓼、柳叶刺蓼、反枝苋、鸭跖草、香薷、遏蓝菜、野豌豆、播娘蒿及小旋花等杂草，对禾本科及莎草料杂草无效。

（3）混配性。氯氟吡氧乙酸可与多种除草剂混用，如炔草酯、精噁唑禾草灵、二甲四氯、苯磺隆等扩大杀草谱。

（4）使用技术。对小麦安全性好，小麦从出苗到抽穗均可使用。每亩用20%使它隆（200g/L有效成分氯氟吡氧乙酸乳油）50～67mL。温度对其除草的最终效果无影响，但影响其药效发挥的速度。一般在温度低时药效发挥较慢，可使植物中毒后停止生长，但不立即死亡；气温升高后植物很快死亡。使它隆在土壤中淋溶不显著，大部分分布在0～10cm表土层中，有氧的条件下，在土壤微生物的作用下很快降解成2-吡啶醇等无毒物，在土壤中半衰期较短，不会对下茬阔叶作物产生影响。

4. 苯磺隆

（1）常见商品名。巨星。

（2）杀草谱。主要用于防除各种一年生阔叶杂草，对播娘蒿、荠菜、碎米荠菜、麦家公、藜、反枝苋等效果较好，对地肤、繁缕、蓼、猪殃殃等也有一定的防除效果，对田蓟、卷茎蓼、田旋花、泽漆等效果不显著，对野燕麦、看麦娘、雀麦、节节麦等禾本科杂草无效。

（3）混配性。可与多种防除禾本科和阔叶杂草的除草剂混用，实践证明，配用苯磺隆比不使用的组合效果显著。

（4）使用技术。小麦二叶期至拔节期均可用药，杂草出苗后真叶长出至开花期前均可施药。每亩用巨星（75%苯磺隆水分散颗粒）1～1.5g。为选择性内吸传导型除草剂，可被杂草的根、叶吸收，并在植株体内传导。通过抑制乙酰乳酸合成酶（ALS）的活性，从而影响支链氨基酸（如亮氨酸、异亮氨酸、缬氨酸等）的生物合成。植物受害后表现为生长点坏死、叶脉失

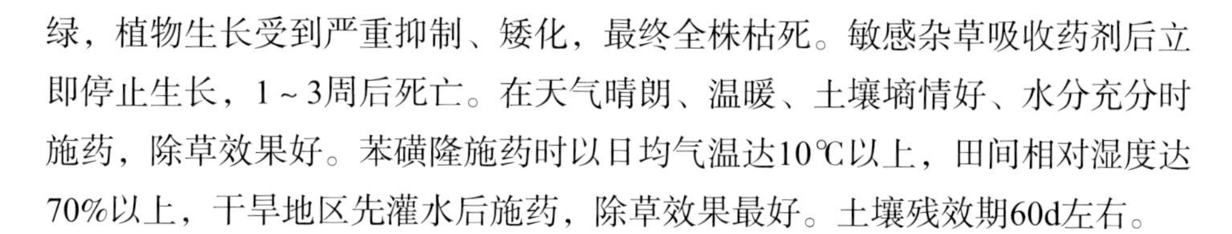

绿，植物生长受到严重抑制、矮化，最终全株枯死。敏感杂草吸收药剂后立即停止生长，1～3周后死亡。在天气晴朗、温暖、土壤墒情好、水分充分时施药，除草效果好。苯磺隆施药时以日均气温达10℃以上，田间相对湿度达70%以上，干旱地区先灌水后施药，除草效果最好。土壤残效期60d左右。

5. 唑草酮

（1）常见商品名。快灭灵。

（2）杀草谱。唑草酮是触杀性除草剂，杀草谱广，对小麦田绝大多数阔叶杂草均有良好的杀灭效果，特别是能防除多种恶性阔草如泽漆、抗性播娘蒿、荠菜、婆婆纳、猪殃殃、野老鹳等，对大巢菜、稻搓菜、繁缕效果一般。

（3）混配性。不易与骠马（精噁唑禾草灵）混配，可与炔草酯、苯磺隆、二甲四氯等混配，唑草酮不可与其他乳油药剂混用，否则药效不佳、药害频发。其与双氟磺草胺的混剂产品是比较好的配方。

（4）使用技术。每亩用快灭灵（10%唑草酮可湿性粉剂）10～20g茎叶喷雾，杀草速度快，一般施药后2～3d杂草就表现严重药害症状，1周后即枯死；耐低温和耐雨水冲刷，在土壤中能迅速降解，对后茬作物无影响。同时唑草酮对小麦苗龄要求不高，在麦苗三叶期以后都可以施药。唑草酮使用温度界限是5～25℃，高于25℃在小麦叶片出现灼斑或干叶尖，不影响小麦正常生长，其有效成分每亩用量不能超过1.2g。

6. 其他阔叶草除草剂

包括2,4-滴异辛酯、二甲四氯、溴苯腈等，2,4-滴异辛酯易飘散造成其他双子叶作物或植物产生药害，二甲四氯、溴苯腈受低温等影响也易造成药害，且因曾经大量使用此类除草剂导致杂草抗性增加，使用时应注意。

第七章 塔额盆地小麦自然灾害及防御

第一节 雪 害

3月初日间气温回升，地表化冻，晚间又继续上冻，冬小麦分蘖节长期处于冻融交替状态（图7-1），地表同雪层交接处形成“冰壳”，常导致雪下麦苗呼吸困难，且高湿低温又易引起雪腐病、雪霉病的发生。

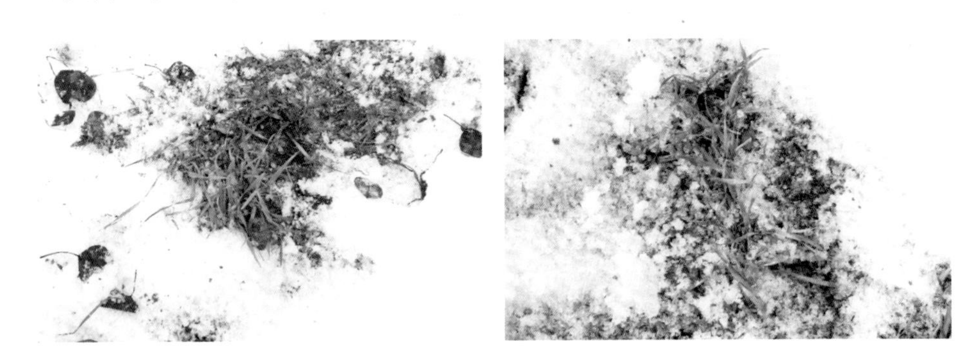

图7-1 冻融交替阶段积雪呈现“冰粒”状

塔额盆地雪害的经验指标是>5cm有效积雪厚度持续时间>120d，此种情况下麦苗呼吸作用旺盛，特别是开春冻融交替，雪层下部形成冰盖，植株体内养分消耗加剧，抗病能力下降，极易形成前述为害情况，发生雪腐病、雪霉病。

为减轻雪害造成的损失就需要农业、气象部门监测有效积雪存在时间及测报工作（图7-2），根据测报及时指导种植户在开春进行破雪作业，同时施“雪墒肥”促进返青壮苗，抵御雪害的影响。

图7-2　临春及时观察测报积雪对麦田的危害

第二节　倒春寒

4月末至5月初，塔额盆地部分麦区白天最高气温常在25℃左右，但非常不稳定，易发生大风降温使早晚至零下现象，此时因土壤水分含量也不足，如此温度剧烈变化，极易导致小麦主茎受冻，脱水后扭曲干枯。旗叶抽出后呈现出蚀刻状，应同虫害区分开来。

小麦的分蘖能力强，自我调节余地很大，倒春寒冻害发生后即使主茎和大分蘖幼穗冻死，只要分蘖节未冻死，就可以通过迅速肥水猛攻，喷施叶面肥和芸薹素内酯等生长调节剂促进新生蘖发育成穗，挽回产量损失。

（一）小麦受害后症状

（1）苗期主茎表现为新叶卷曲成细圆柱状，可见褶皱（图7-3）。

图7-3　冬小麦苗期受冻后心叶失水扭曲及后期旗叶鞘类似虫害“牙痕”

（2）叶片脱水干枯（图7-4）。

图7-4　受冻后新叶失水干枯

（3）挑旗阶段旗叶抽出无法展开（图7-5）。

图7-5　春小麦苗期受冻导致后期旗叶抽出呈扭曲状及"勾头穗"

（4）旗叶功能受损，光合能力下降。

（5）穗无法抽出或出现白穗、半截穗现象（图7-6）。

图7-6　幼穗分化阶段受冻后抽穗出现"半截穗"现象

（二）防御措施

（1）品种，选择前期发育缓慢的品种。

（2）栽培措施，早灌水肥，营造农田小环境，减轻因高温—霜冻阶段温度剧烈变化导致的冻害加剧。

（3）受冻后及时喷施磷酸二氢钾和芸薹素内酯等生长调节剂，并及时灌水增施肥料促进分蘖快速生长，弥补主穗受冻导致的减产。

注意：倒春寒影响需要同小麦缺镁、缺铜症状区分开来，缺镁、缺铜表现详见前文所述。

第三节　风害和干热风

（一）大风危害

塔额盆地多数农区春季大风天气持续时间较长，从3月下旬冬小麦返青开始到灌浆期一般持续50～60d，对此阶段小麦的危害主要表现在以下几个方面。

（1）土壤墒情散失较快，大风日晒极易造成麦田土壤板结。

（2）区别于北疆其他滴灌小麦区，滴灌带埋土过浅易被风吹起，埋土过深会因收获后土壤板结抽不出来影响回收毛管进度。因此塔额盆地绝大多数麦田“播种—铺设滴灌带”无法同时进行，需要等到麦苗生长到一定高度后才能铺设滴灌设施，在小麦未起身前铺设滴灌带，大风易卷起毛管。

（3）喷施农药容易损失飘散，不利于开展化控、化除等作业。

（4）旗叶相互碰撞摩擦容易导致物理损伤（图7-7），特别是旗叶坚硬、宽大型品种。

图7-7　大风造成旗叶物理损伤

（5）大风和强降水容易导致倒伏发生（图7-8）及细菌性条斑病的传播。

图7-8　大风+强降水导致冬小麦灌浆期倒伏

（二）干热风

"干热风"是我区小麦灌浆至成熟阶段常见的一种自然灾害。干热风发生的气象特点是"三个3"，即日最高气温大于30℃，相对湿度低于30%，风力3级以上（风速大于3m/s），常使小麦灌浆过程受阻，青枯逼熟，粒重降低，从而减产。同干热风区别开来的另一种现象是"高温逼熟"现象，在2017年塔额盆地冬小麦田发生严重，起因是6月末至7月初持续1周时间的降雨天气后骤晴高温，根系呼吸及蒸腾作用加剧，小麦植株提早死亡，籽粒提前成熟，粒重减轻，产量下降。

1. 干热风的发生条件与危害

干热风灾害是在高温、干旱和大风的气候条件下，小麦受环境高温、低湿的胁迫，根系吸水来不及补充叶片蒸腾耗水，导致叶片蛋白质遭到破坏，细胞膜受损，叶组织的电解质大量外渗。小麦在灌浆期间，常遇到高温、低湿并伴随着3级以上的风形成大气干旱，若此时土壤水分不足，会使小麦植株体内水分供求失调，导致籽粒灌浆不足，灌浆时间缩短，粒重大幅度下降，从而使小麦减产。

干热风对小麦的危害程度与干热风的强度和持续时间有关，干热风越强、持续时间越长，危害越重。同一次干热风对小麦危害的程度因品种、生育期、土壤特性和管理措施等条件而不同。一般情况下，早熟品种受害轻，晚熟品种受害重；乳熟后期和蜡熟期受害重，蜡熟后期因灌浆即将结束，受害就相对轻；沙石地、土层薄地、盐碱地受害较重，土层厚的壤土受害轻；适期播种成熟早受害轻，晚播晚熟受害重；增施钾肥、早施氮肥的受害轻，施氮过量且晚的贪青晚熟受害重；中后期浇水适宜的受害轻。

2. 干热风危害后的症状

受干热风危害的小麦，初始阶段表现为旗叶凋萎，严重凋萎1～2d后逐渐青枯变脆。初始症为失水干枯，继而渐渐张开，即出现炸芒现象。由于水分供求失衡，穗部脱水青枯，变成青而无光泽的灰色，籽粒萎蔫但还有绿色，此时穗茎部的叶鞘上还保持一点绿色。小麦遭受不同程度干热风侵袭，大致出现3种类型的症状。

（1）轻度干热风危害后的症状。一般是从12—14时，穗部气温达到31℃，叶面温度超过32℃，饱和差超过3 200Pa，相对湿度低于30%，此时小麦植株叶片开始萎蔫，出现炸芒现象。如果干热风强度不再增加，上述症状持续5～6h后，小麦植株可恢复正常，对小麦产量影响较小。

（2）重度干热风危害。一般是从11时出现上述情况，14时株间气温比6时高14～16℃，饱和差达2 800～3 500Pa，相对湿度猛降为27%～30%时，小麦植株叶片卷曲，发生严重炸芒现象，芒和顶端小穗干枯，整片麦田变成灰黄色。

（3）青枯死亡，在小麦收获前15d左右遇到大于5mm的降水，3d内气温30℃以上，突然遭受干热风袭击，会使小麦植株青枯而死。

3. 干热风的防御措施

（1）农业综合防御措施。首先要建立农田防护林带，达到农田林网化，可减弱风速，减低温度，提高相对湿度，减少地面水分蒸发量，提高土壤含水量，显著降低干热风的危害；其次要加强农田基本建设，改良和培肥土壤，提高麦田保水和供水能力。

（2）栽培防御措施。一是选用早熟、丰产、耐干热风、抗逆性强的品种；二是调整作物布局，春小麦适时早播，尽量减少晚茬麦，争取尽早使小麦进入蜡熟期，可以避免或减轻干热风的危害；三是建立合理群体结构，培育壮苗，提高小麦抗旱性；四是浇好灌浆水，防治灌浆期干旱。

（3）其他防御措施。在小麦生育中后期叶面喷洒磷酸二氢钾或滴施磷酸二氢钾，并做好“一喷三防”工作。

4. 高温逼熟的症状

根据气温和相对湿度高低分为高温低湿和高温高湿型两种特征。

（1）高温低湿危害后的症状。在小麦灌浆阶段，如连续出现2d或2d以上大于27℃的高温，3～4级的偏南或西南风，下午相对湿度在40%以下时，小麦叶片即出现萎蔫或卷曲，茎秆变成灰绿色或白色，小麦灌浆受阻，麦穗失水变成灰白色，千粒重下降。

（2）高温高湿危害后的症状。在小麦灌浆阶段连续降水后使土壤水分过多，透气性差，氧气不足，此时植株根系活力衰退，吸收能力减弱，而紧接着又是高温暴晒，叶面蒸腾强烈，水分供应不足，植株体内水分收支失衡，很快脱水死亡。麦株受害后，茎叶出现青灰色，麦芒灰白色、干枯，籽粒变空秕、粒重低，产量和品质下降。

第四节　干　旱

干旱是严重威胁塔额盆地多数区域农牧业生产的自然灾害之一，现阶段种植小麦的区域多为水源不充沛或为了和其他经济作物调水，以额敏县为例主要分布于喀拉也木勒河灌区喀拉也木勒乡、麦海因河灌区上户乡、铁列克特灌区杰勒阿尕什乡和额玛勒郭楞蒙古民族乡等麦区。2008年和2012年是塔额盆地受旱比较严重的年份，春夏季节没有大的有效降水，土壤墒情较差，虽然本季节已到塔城盆地各河流的主汛期，但各河道来水仅为历年的30%～40%，额敏水库进库流量最小只有0.3m³/s，水库蓄水不足，各泉水出水均大幅度减少，部分泉水干涸，导致小麦受旱严重（图7-9），产量低至187kg/亩。

图7-9　小麦受旱导致绝收

（一）小麦受旱后的表现特征

（1）麦苗生长弱小，土壤含水量一直处于较低状态，使小麦严重缺水，肥料利用率大幅下降，幼苗生长受抑制，形成弱苗、小苗。主要表现为叶片小、心叶短、叶色淡，叶片光合速率低；分蘖减少且消亡较快不成穗；地上部分不能形成足够的光合面积，地下部分根系发育差，根系少而不能深扎，不能充分利用深层土壤的水资源。

（2）中后期受旱则群体早发早衰，特别是在播前底墒充足、底肥充足的条件下。

（3）亩穗数减少，单穗粒数减少，造成减产。

（4）株高降低，提早抽穗（图7-10），早衰早熟导致粒重下降，商品性下降（图7-11）。

图7-10　受旱后株高降低、提早抽穗（40cm即开始抽穗）

图7-11　受旱后早衰、籽粒干瘪粒重降低

（二）防御措施

（1）品种，水源无法保障的区域应选择早熟、灌浆速度快、抗旱性和耐旱性强的品种，塔额盆地现阶段栽培品种中宁春16号的耐旱性较为优秀。

（2）农业措施，稀播，壮个体；苗全后及时划地松土保墒。

（3）栽种防护林，营造农田小气候；人工增雨、兴修水利等。

（4）改种燕麦、大麦、鹰嘴豆等更耐旱作物。

第五节 盐 碱

塔额盆地小麦盐碱危害主要分布于地下水位高、土壤类型为潮土、河灌区两侧等区域，危害面积并不大。

（一）盐碱地小麦受害表现

（1）抑制小麦发芽，即使发芽也表现为弱苗、黄苗，甚至出苗后受盐碱胁迫导致无法利用水分而干枯死亡，形成缺苗断垄（图7-12）。

图7-12 盐碱导致小麦缺苗

（2）生长发育不良，盐碱导致生理干旱，植株无法有效利用水分，表现症状同干旱胁迫相似（图7-13）。

图7-13　旗叶“盐碱侵蚀”状叶斑和“干尖”

（3）早衰减产。

（二）防御措施

（1）品种。选用丰产耐盐型品种，如新冬17号、新春29号。

（2）农业措施。增施硫酸钾，黄腐酸钾等，底肥磷肥改用重过磷酸钙等酸性肥。

（3）适当早播，加大播种量。一般盐碱地普遍地下水位较高或靠近河流，水源较足，一旦能保证全苗也容易获得高产。

第六节　冰　雹

冰雹灾害是由强对流天气引起的一种剧烈的气象灾害，塔额盆地夏季冰雹出现较频繁，通常沿山区发生概率较大，且呈现“带状”分布危害，它出现的范围虽然小，时间也较短，但是它来势凶猛、强度大，常伴有狂风、强降水、急剧降温等阵发性、灾害性天气。

（一）冰雹对小麦的危害

（1）中后期受雹灾影响叶片受损、掉落，植株倒折（图7-14）。

图7-14　冰雹对小麦的危害

（2）伴随性大风、强降水导致倒伏严重。

（3）加速病害的发生。

（二）防御措施

（1）购买政策性农业保险。

（2）增种抗雹能力强的作物。

（3）成熟小麦及时抢收。

（4）农业气象部门应当及时预测预报，特别是多发季节，一旦预报大概率冰雹气象，应及时进行人工气象干预。

第七节 穗发芽

塔额盆地是北疆地区小麦主产区之一，春小麦收获季时常伴随阴雨天气，因此也是春小麦穗发芽危害较严重的区域之一。以额敏县为例，2009年、2010年、2013年、2016年均有不同程度的小麦穗发芽，2016年冬春小麦穗发芽危害面积超过70%，因商品性较差收购价格在1.5～1.7元/kg，种植户损失惨重。

在未能人工干预气候变化前寻找春小麦抗穗发芽的种质资源，培育抗性春小麦品种是解决穗发芽问题的有效途径（图7-15，图7-16）。因此，要从根本上解决穗发芽问题则需要有选择性种植抗穗发芽品种，如红皮小麦类型等。

图7-15 不抗穗发芽和抗穗发芽小麦整穗发芽

图7-16 “芽麦”籽粒的不同形态特征

附 录

附录1 塔额盆地滴灌冬小麦亩产500kg绿色高效栽培技术模式

<table>
<tr><td>月</td><td>9月</td><td colspan="3">10月</td><td colspan="3">11月</td><td colspan="3">12月</td><td colspan="3">1月</td><td colspan="3">2月</td><td colspan="3">3月</td><td colspan="3">4月</td><td colspan="3">5月</td><td colspan="3">6月</td><td colspan="2">7月</td></tr>
<tr><td>旬</td><td>下</td><td>上</td><td>中</td><td>下</td><td>上</td><td>中</td><td>下</td><td>上</td><td>中</td><td>下</td><td>上</td><td>中</td><td>下</td><td>上</td><td>中</td><td>下</td><td>上</td><td>中</td><td>下</td><td>上</td><td>中</td><td>下</td><td>上</td><td>中</td><td>下</td><td>上</td><td>中</td><td>下</td><td>上</td><td>中</td></tr>
<tr><td>节气</td><td>秋分</td><td>寒露</td><td></td><td>霜降</td><td>立冬</td><td></td><td>小雪</td><td>大雪</td><td></td><td>冬至</td><td>小寒</td><td></td><td>大寒</td><td>立春</td><td></td><td>雨水</td><td>惊蛰</td><td></td><td>春分</td><td>清明</td><td></td><td>谷雨</td><td>立夏</td><td></td><td>小满</td><td>芒种</td><td></td><td>夏至</td><td>小暑</td><td></td></tr>
<tr><td>生育期</td><td>播种期</td><td colspan="4">出苗—三叶期</td><td colspan="2">冬前分蘖期</td><td colspan="11">越冬期</td><td>返青期</td><td colspan="5">起身—拔节期</td><td>抽穗期</td><td colspan="3">扬花—灌浆期</td><td colspan="2">成熟收获</td></tr>
<tr><td>目标</td><td colspan="5">苗匀苗全、群体合理
个体健壮、根系发达</td><td colspan="2">增蘖增根
培育壮苗</td><td colspan="11">保苗安全越冬</td><td>促苗促
蘖早发</td><td colspan="5">壮蘖壮秆
促大蘖成穗</td><td>保花
增粒</td><td colspan="3">以水养根
以根护叶
增粒增重</td><td colspan="2">防灾减灾、颗粒归仓</td></tr>
<tr><td>技术</td><td colspan="5">增施底肥、播前造墒
精细整地、精选良种
药剂包衣、适期播种
精量播种、播深一致</td><td colspan="13">查苗补缺、冬前喷药防治雪腐病、雪霉病、严禁放牧</td><td>切地
条状
施肥</td><td colspan="5">化除化控
重施水肥
防治病虫</td><td colspan="4">灌水充足
防治病虫
“一喷三防”</td><td colspan="2">及时收获交售</td></tr>
</table>

（续表）

措施	（1）利用前茬滴灌设施造墒、灭茬、撒肥、深翻、整地，选择包衣的良种，底肥方案：每亩磷酸二铵15～18kg、尿素5kg、硫酸钾5kg （2）9月20—10月5日择期播种；播深4～5cm，种肥5～8kg磷酸二铵，带镇压器，亩播量18～23kg，田边地头种满种严；出苗后及时查苗补缺 （3）严禁放牧，下雪前10d左右全田喷施多菌灵或广谱性防真菌病害杀菌剂，减少雪腐病、雪霉病菌群基数；同时带磷酸二氢钾等叶面肥，提高幼苗抗性 （4）返青期切地条状施肥，松土保墒，以肥调水，提高地温，促弱转壮；条状施肥方案为每亩尿素5～8kg （5）防草、防寒，起身期喷施除草剂+含锌叶面肥+芸薹素，如果苗情过旺需添加矮壮素等化控药剂；起身期及时铺设水带、毛管，接通水电及时浇水滴肥，灌水时间在4月15日前，每亩用尿素8kg （6）拔节期重肥水，促大蘖成穗；每亩施尿素10kg，灌水时间在4月25日左右；挑旗阶段注意病虫害，及时防控 （7）浇好扬花灌浆水，随水尿素2～3kg；关注病虫害，做好“一喷三防”措施；注意天气，做好防灾减灾措施 （8）7月初至7月中旬适时收获，籽粒水分降至12.5%及时收获交售 注：所用肥料农药必须符合农业部（现农业农村部）发布的NY/T 393—2013《绿色食品农药使用准则》的规定

附录2　塔额盆地滴灌春小麦亩产500kg绿色高效栽培技术模式

<table>
<tr><td>月</td><td colspan="2">3月</td><td colspan="3">4月</td><td colspan="3">5月</td><td colspan="3">6月</td><td colspan="3">7月</td><td colspan="3">8月</td></tr>
<tr><td>旬</td><td>中</td><td>下</td><td>上</td><td>中</td><td>下</td><td>上</td><td>中</td><td>下</td><td>上</td><td>中</td><td>下</td><td>上</td><td>中</td><td>下</td><td>上</td><td>中</td><td>下</td></tr>
<tr><td>节气</td><td></td><td>春分</td><td>清明</td><td></td><td>谷雨</td><td>立夏</td><td></td><td>小满</td><td>芒种</td><td></td><td>夏至</td><td>小暑</td><td></td><td>大暑</td><td>立秋</td><td>处暑</td><td></td></tr>
<tr><td>生育期</td><td></td><td colspan="2">播种期</td><td>出苗—三叶期</td><td colspan="2">分蘖期</td><td colspan="2">拔节期</td><td>抽穗期</td><td colspan="4">扬花—灌浆期</td><td colspan="2">成熟—收获期</td><td colspan="2">灭茬</td></tr>
<tr><td>目标</td><td></td><td colspan="3">苗匀苗全、群体合理
个体健壮、根系发达</td><td colspan="2">促蘖早发增蘖
增根培育壮苗</td><td colspan="2">壮大蘖减小蘖
壮秆防倒</td><td>保花
增粒</td><td colspan="4">以水养根
以根护叶
增粒增重</td><td colspan="2">防灾减灾
丰产丰收</td><td colspan="2">腾茬养地</td></tr>
<tr><td>技术</td><td></td><td colspan="3">精细整地、精选良种
药剂包衣、适期早播
以产定苗、以苗定籽
精量播种、播深一致</td><td colspan="2">切地条状施肥
保墒壮苗
化控化除</td><td colspan="2">重施肥水
防治病虫</td><td colspan="5">灌水充足
防治病虫
“一喷三防”</td><td colspan="2">及时收获
防穗发芽
颗粒归仓</td><td colspan="2">增施肥料
伏耕晒垡</td></tr>
<tr><td>措施</td><td colspan="17">（1）秋翻整地，选择包衣的良种，底肥方案：每亩磷酸二铵15～18kg、尿素5kg、硫酸钾5kg
（2）适期早播，平原区一般3月下旬，沿山区一般4月中上旬；播深4～5cm，种肥5～8kg磷酸二铵，亩播量22～25kg，田边地头种满种严；出苗后及时查苗补缺
（3）三叶期—分蘖期切地条状施肥，松土保墒，以肥调水；条状施肥方案为每亩尿素5～8kg
（4）防草、防后期倒伏，四叶期—拔节前喷施除草剂+含锌叶面肥+芸薹素，如果苗情过旺需添加矮壮素等化控药剂；无风天及时铺设水带、毛管，接通水电及时浇水滴肥，平原区灌水时间在4月30日前，每亩用尿素8kg
（5）拔节期重肥水，促大蘖成穗；每亩施尿素10kg，硫酸钾3kg，灌水时间在5月10日左右；挑旗阶段注意病虫害，及时防控
（6）浇好扬花灌浆水，随水尿素2～3kg；关注病虫害，做好“一喷三防”措施；注意天气，做好防灾减灾措施
（7）7月下旬至8月中旬从平原区—沿山区逐步及时收获，籽粒水分降至12.5%及时收获交售
注：所用肥料农药必须符合农业部（现农业农村部）发布的NY/T 393—2013《绿色食品农药使用准则》的规定</td></tr>
</table>

附录3 小麦田间调查方法

小麦田间调查各项指标对于技术人员或种植户评判品种特性及栽培措施应对都具有重要意义，下面简要介绍小麦田间调查方法。

（一）小麦基本苗的调查

等行距条播麦田，在小麦全苗后三叶期前选择有代表性的样点3～5个，每点取并列的2～3行，行长1m，数出样点苗数，先计算平均值，然后计算出基本苗。

亩基本苗数=样点平均苗数÷样点面积（平方米）×667m^2

（二）小麦主要生育过程的记载及标准

参考本书第二章第五节内容。

（三）最高茎数、有效穗数和成穗率的调查

最高茎数是指小麦分蘖盛期时植株的总茎数（包括主茎和所有分蘖），又可分为冬前最高总茎数和春季最高总茎数，冬前最高总茎数是冬小麦越冬前调查的总茎数，春季最高总茎数是指冬春小麦在拔节初期分蘖两极分化前的田间最高总茎数，可参考基本苗的计算方法进行调查。

有效穗数是指能结实的麦穗数，一般以单穗结实5粒以上为有效穗数，计算方法可参考基本苗调查，蜡熟期前后进行调查。

成穗率是有效穗占最高总茎数的百分率。

（四）小麦倒伏情况调查记载

小麦品种抗倒伏能力弱、生长过密或植株较高、生长后期遇大风雨，都可能出现倒伏。每次倒伏都应记录倒伏发生时间（或发育阶段），可能造成倒伏的原因，以及倒伏所占面积和程度等。倒伏面积（%）按倒伏植株面积占全田面积的百分率进行估算。倒伏程度一般分为5级。

1级：不倒伏。

2级：倒伏轻微，植株倾斜角度<30°。

3级：中等倒伏，植株倾斜角度30°～45°。

4级：倒伏较重，植株倾斜角度45°～60°。

5级：倒伏严重，植株倾斜角度>60°。

（五）小麦整齐度田间调查

全田小麦齐穗后观测小麦的整齐度，一般分3级。

1级：用“++”表示整齐，全田麦穗的高度相差不足一个穗子。

2级：用“+”表示中等整齐，全田多数整齐，少数高度相差一个穗子。

3级：用“～”表示不整齐，全田穗子高矮参差不齐。

（六）落粒性

完熟期收获前调查，可分为3级。

1级：“口紧”，手用力搓方可落粒，机械脱粒困难。

2级：不易落粒，机械脱粒容易。

3级：“口松”，成熟后稍加触动或风吹动就容易落粒。

注意：塔额盆地风线区不推荐种植口松品种。

（七）耐青干和熟相

根据穗、叶、茎青枯程度，分无、轻、中、较重、重5级，一般干热风过后或低温连续降雨后高温高湿逼熟后易发生。

熟相根据茎叶落黄情况分为好、中、差3级，如成熟后穗、茎、叶白（黄）亮色可初判为落黄好；如成熟后穗、茎、叶乌（黑）无光泽可初判为落黄差。

（八）病虫害程度

一般大田中病虫害发生程度判别难度较大，如有发生应尽可能请专业植保技术人员判别。

（九）其他农艺性状

（1）株高。由单株基部测量到穗顶（不包括芒）的长度（cm），一般田间需测定10株以上求平均数。

（2）穗长。从基部小穗着生处测量到顶部（不包括芒）的长度（cm），一般随机抽取样点，并测量全部穗长（包括主茎穗和分蘖穗），然后求平均数。

（3）穗型。一般分为纺锤形、长方形、圆锥形、棍棒形、椭圆形和分枝形。

（4）穗色。成熟后以穗中部的颖壳颜色为准，分红、白两色，如新冬17号穗色为红色，新冬18号穗色为白色。

（5）小穗数。数出样本中每穗的全部小穗数，包括结实小穗和不孕小穗，求平均值。

（6）穗粒数。数出样本中每穗的结实粒数，求平均值。

（7）粒色。生产上主要分白粒（淡黄）和红粒两种；个别品种有紫色、绿色、黑色等。

（8）粒质。分硬质、半硬质、软（粉）质3级，如目测不能确定则可垂直腹沟切开籽粒鉴定，硬质占比70%以上为硬质，小于30%为软质，介于两者间为半硬质。

（9）千粒重。干籽粒随机取样1 000粒的重量（g），要求两次重复取样的重量差异不超过0.5g。

（10）容重。用容重器称取1L的籽粒重量，单位是g/L。粮食收储的重要参考指标之一，一般一等商品小麦容重≥790g，二等商品小麦≥770g，三等商品小麦≥750g，测量容重时要注意将杂质去除干净。

（11）黑胚率。随机取200粒小麦种子，数黑胚粒数，重复上述过程3次，取平均值，以百分率表示。

（十）小麦田间测产

田间测产一般应用于丰产田，一般田间生长不匀的低产田测产的可靠性较差。简单的测产方法是在成熟前随机选点采样，一般5点，每点1m^2，数出每样点内的麦穗数，计算每平方米的平均穗数，从每个样点随机连续取50个穗子，数出每穗粒数，计算每穗的平均粒数，参考所测品种常年千粒重，按下列公式计算理论产量。

每亩理论产量（kg）=（每平方米穗数×每穗平均粒数×千粒重）÷（1 000×1 000）×667

实际应用中经常把测产产量×0.85作为测产数据参考。

附录4　小麦田常用肥料及特性

用作底肥的复混肥配制方法：以新疆农业科学院小麦育种家额敏基地小麦底肥使用17—18—10（N—P_2O_5—K_2O）参考配方，小麦产量500kg/亩，底肥用量40kg为例。

需要的N—P_2O_5—K_2O量为40kg × 17%—40kg × 18%—40kg × 10%，即6.8kg—7.2kg—4kg。

以磷酸二铵为磷肥则需7.2kg ÷ 46%≈16kg，此时可提供纯氮16kg × 0.18%≈2.8kg。

仍需补充纯氮6.8kg-2.8kg=4kg，此时需用尿素量为4kg ÷ 46%≈9kg。

用硫酸钾作钾肥则需4kg ÷ 50%=8kg。

最终配制底肥所用尿素、磷酸二铵、硫酸钾重量分别为：尿素9kg、磷酸二铵16kg、硫酸钾8kg。该配方也基本符合前文所述塔额盆地500kg/亩中高产田底肥施用特点。

小麦田常用肥料及特性见附表1。

附表1　小麦田常用肥料及特性

肥料名称	养分构成	吸湿性	水溶性	溶液酸碱性
尿素	N 46%	差	高	中性
磷酸二铵	P_2O_5 46%、N 18%	差	高	弱碱性
磷酸一铵	P_2O_5 48%、N 11%	差	高	弱酸性
过磷酸钙	P_2O_5 12%、S 12%、CaO 27%	中	中	弱酸性
重过磷酸钙	P_2O_5 46%、S 1%、CaO 12%	中	中	弱酸性
钙镁磷肥	P_2O_5 18%、CaO 25%、MgO 14%	差	差	碱性
磷酸二氢钾	P_2O_5 52%、K_2O 34%	差	高	中性
硫酸钾	K_2O 50%、S 18%	差	高	中性
硫酸镁	Mg 20%、S 26%	差	高	中性
硫酸亚铁	Fe 20%、S 11%	中	高	弱酸性
硫酸锌	Zn 20%、S 10%	高	高	弱酸性

（续表）

肥料名称	养分构成	吸湿性	水溶性	溶液酸碱性
硫酸锰	Mn 32%、S 18%	差	高	弱酸性
硫酸铜	Cu 25%、S 12%	中	高	弱酸性
硼砂	B 10%	差	高	弱碱性
硼酸	B 16%	差	高	弱酸性
钼酸铵	Mo 54%、N 6%	差	高	中性
钼酸钠	Mo 56%、Na 11%	差	高	弱碱性

附录5　小麦“一喷三防”措施

什么是小麦“一喷三防”？很多小麦产区栽培技术中都会讲到“一喷三防”技术，且措施有所不同，到底什么是“一喷三防”，防的又是什么？下面就塔额盆地小麦种植中“一喷三防”做简要介绍。小麦“一喷三防”是在小麦生长中后期使用杀虫剂、杀菌剂、植物生长调节剂、叶面肥等混配剂喷雾，达到防病、防虫、防干热风和早衰，增粒增重，确保小麦增产的一项关键技术措施。

（一）塔额盆地小麦“一喷三防”主要防控对象

小麦进入穗期后，局部区域干热风风险加大，气候及温湿度等条件也适宜小麦白粉、锈病等主要病害的流行，且此阶段小麦主要害虫也处于活跃期，如不进行有效控制导致爆发，将严重影响小麦籽粒灌浆过程，导致减产严重。

病害：重点是白粉病、条锈病、细菌性条斑病，兼治黑胚病等。

虫害：重点是黑角负泥虫、皮蓟马、麦茎蜂、麦盾蝽，兼治蚜虫等。

干热风：重点是6月下旬至7月中旬干热风造成的早衰现象。

（二）“一喷三防”技术要点

针对塔额盆地小麦病虫发生种类和时期存在一定差异，在具体实施上，坚持树立“集中防控、绿色植保”理念，立足因地制宜，早防、早治。穗期（挑旗一次、扬花一次）开展“一喷三防”推荐方法有以下几种。

（1）挑旗—扬花期施药。根据病虫害发生情况选择适宜的农药，并加入适量的芸薹素内酯及微肥，一般在挑旗或齐穗后施药，尽量不要在扬花盛期喷药。具体药剂使用技术可参考本书病虫害绿色防控技术介绍。

（2）灌浆期施药。根据病虫害发生情况选择适宜的农药，并加入适量的芸薹素内酯及磷酸二氢钾200g/亩，可起到抗干热风、促进籽粒灌浆作用。具体药剂使用技术可参考本书病虫害绿色防控技术介绍。

施药宜采用大型喷药机械，提高作业效率和雾化效果，确保对病虫害的防治效果及叶面施肥效果。中后期如担心机械碾压对麦苗的损害，可采用飞防无人机进行植保操作。

附录6 农药复配安全使用知识

为延缓抗药性和兼治病虫、杂草以提高农药防治效果，根据一药多治的原则按照农药一定的混合比例采用复合配制方法配成的农药称为复配农药。复配农药是针对害虫的抗药性和开发新农药品种的困难性而发展起来的，近来农药研究的进展表明，要克服和延缓害虫的抗药性，延长老的农药品种的使用寿命，进行农药复配使用，是一项行之有效的措施。许多农民朋友就希望通过一次混用两种或几种药剂达到兼治的效果；也有人希望通过混用，提高药剂防治的效果和速效性。不管是否混用都应注意以下三点原则。

（一）不改变物理性状

混合后不能出现浮油、絮结、沉淀或变色，也不能出现发热、产生气泡等现象。如果同为粉剂，或同为颗粒剂、熏蒸剂、烟雾剂，一般都可混用；不同剂型之间，如可湿性粉剂、乳油、浓乳剂、胶悬剂、水溶剂等以水为介质的液剂则不宜任意混用。

（二）不引起化学变化

包括许多药剂不能与碱性或酸性农药混用，在波尔多液、石硫合剂等碱性条件下，氨基甲酸酯、拟除虫菊酯类杀虫剂，福美双、代森环等二硫代氨基甲酸类杀菌剂易发生水解或复杂的化学变化，从而破坏原有结构。在酸性条件下，2,4-滴异辛酯钠盐、二甲四氯钠盐、双甲脒等也会分解，因而降低药效。除了酸碱性外，很多农药品种不能与含金属离子的药物混用。二硫代氨基甲酸盐类杀菌剂、2,4-滴异辛酯类除草剂与铜制剂混用可生成铜盐降低药效；甲基硫菌灵、硫菌灵可与铜离子络合而失去活性。除去铜制剂，其他含重金属离子的制剂如铁、锌、锰、镍等制剂，混用时要特别慎重。此外，石硫合剂与波尔多液混用可产生有害的硫化铜，也会增加可溶性铜离子含量；敌稗、丁草胺等不能与有机磷、氨基甲酸酯杀虫剂混用。因为一些化学变化可能产生药害。

（三）生物农药不能与杀菌剂混用

在保证正常发挥各自原有作用的前提下，尽可能考虑以下互补效果：复配杀虫、杀菌甚至除草剂，兼治同时发生的多种病虫草害，或混用不同杀菌谱的杀菌剂，扩大防治对象，达到减少施药次数的目的。这要求选择适当的时机和药剂。如在小麦抽穗灌浆期，混用三唑酮、吡虫啉和磷酸二氢钾既可兼治蚜虫、白粉病和锈病，又能促进小麦旗叶的生长，增加光合作用，延长小麦生长期，防止干热风的危害。

注意：混用的更高目标是协同增效，这需要进行严格的科学试验和分析，多数成果已经转化成复配制剂，可以从农资店购买；对任何混剂都应尽量限制在确实发生了多种病虫害和出现了单一药剂不能控制的对象或局势时，也不要任意扩大应用范围，不能把复配剂当成万灵的。对症用药还是最最重要的。

附录7 农药配比方法及浓度速查

农药剂型宜选择悬浮剂、微囊悬浮剂、水剂、水乳剂、微乳剂、颗粒剂、水分散颗粒剂和水可溶性粒剂等环境友好型剂型。

采用“二次稀释法”进行稀释，即用少量的水将农药制剂先配制成母液，再将制好的母液按稀释比例倒入准备好的清水中，充分搅匀，便可使用。注意多种农药混合配置时应将制剂分开稀释配制，不应直接将制剂混合配制。

留意农药说明，在农药混用中，经常发生化学变化，造成药效降低或失效，因此，应注意对酸碱性敏感的药剂，做到合理混用。目前生产上除个别农药可同碱性农药混配，多数都对碱性敏感。

留意农药标签说明中是按稀释浓度喷施或者制剂每亩用量（如g或mL/亩），如按稀释浓度喷施可参考附表2进行配制。

附表2 农药配置浓度速查

稀释浓度	加药量（g或mL）					
	15kg水	20kg水	100kg水	500kg水	1t水	2t水
100倍液	150.0	200.0	1 000.0	5 000.0	10 000.0	20 000.0
200倍液	75.0	100.0	500.0	2 500.0	5 000.0	10 000.0
300倍液	50.0	66.7	333.3	1 666.7	3 333.3	6 666.7
400倍液	37.5	50.0	250.0	1 250.0	2 500.0	5 000.0
500倍液	30.0	40.0	200.0	1 000.0	2 000.0	4 000.0
600倍液	25.0	33.3	166.7	833.3	1 666.7	3 333.3
700倍液	21.4	28.6	142.9	714.3	1 428.6	2 857.1
800倍液	18.8	25.0	125.0	625.0	1 250.0	2 500.0
900倍液	16.7	22.2	111.1	555.6	1 111.1	2 222.2
1 000倍液	15.0	20.0	100.0	500.0	1 000.0	2 000.0
2 000倍液	7.5	10.0	50.0	250.0	500.0	1 000.0
3 000倍液	5.0	6.7	33.3	166.7	333.3	666.7
4 000倍液	3.8	5.0	25.0	125.0	250.0	500.0

附录8　小麦种子质量标准及种子包衣

（一）小麦种子质量标准

种子质量是由种子不同特性综合而成的一种概念。农业生产上要求种子具有优良的品种特性和优良的种子特性。通常包括品种质量和播种特性两个方面的内容。品种质量包括品种纯度、丰产性、抗逆性、早熟性、产品的优质性及良好的加工品质等。播种特性是指种子的饱满度、净度、发芽率、水分、活力及健康度等。高质量的种子应当兼有优良的品种属性和良好的播种特性，缺一不可。

国家对小麦种子质量（附表3）实施强制性标准（中华人民共和国国家标准GB 4404.1—2008粮食作物种子 第1部分：禾谷类，2008年9月1日实施），标准适用于中华人民共和国境内生产、销售的小麦种子，涵盖包衣种子和非包衣种子。质量指标包括：纯度、发芽率、水分和净度4项。质量指标是指生产商必须承诺的质量指标，按品种纯度、净度、发芽率、水分指标标注。种子类别主要分原种和大田用种（又称良种）。

附表3　小麦种子质量指标（常规种）

种子类别	纯度≥	净度≥	发芽率≥	水分≤
原种	99.9%	99.0%	85%	13.0%
大田用种	99.0%	99.0%	85%	13.0%

（二）小麦种子质量的简单鉴别

种植户购买小麦种子时，应从以下几个方面识别种子质量。

1. 看包装

正规的合格种子，其包装袋上应注明作物名称、种子类别、种子净重及生产经营单位。包装袋内或外应附有种子标签，标签上注明作物名称、种子类别、品种名称、品种审定编号、适宜种植区域、产地和生产时间、产地检

疫证号、种子净重、种子质量（纯度、净度、发芽率、水分）、生产商名称和生产经营许可证号、联系地址和联系电话及栽培技术要点等，且包含上述部分内容的可追溯二维码等信息。

2. 看籽粒

选择籽粒饱满、均匀、杂质及杂草种子少于标准要求量、无检疫性草籽（毒麦）、无检疫性病籽（腥黑穗感染病粒）、黑胚率低的种子。

3. 看包衣与外包装

看种子是否经过包衣加工，包衣是否成膜均匀颜色一致，并且是定量包装，包装袋是否完整、规范、统一、字迹清晰。

（三）购买小麦种子注意事项

1. 要看经营单位的可信度

种植户购买种子不能贪图便宜，切不可购买散装种子或以粮代种，要到正规的公司或者委托代销点购买。

2. 技术咨询

在购买新品种种子时，首先问清品种是否经过审定或引种备案，未经审定或新疆维吾尔自治区引种备案的品种不能购买使用；其次问清品种特征特性、栽培技术，并索要品种介绍等资料，认真咨询品种的优缺点，特别是注意自己的栽培管理措施能否弥补品种某项缺点可能造成的减产。技术咨询上应多请教县农技站或小麦育种家基地专家等技术人员。

3. 索要发票

无论在何处购买种子，都应向销售方索要购种票据，票据要详细注明所购种子的品种名称、数量、生产地等，并妥善保存。

4. 保留样本和包装袋

购买种子时应在经销商在场的情况下进行种子封样，封样量500g左右两份，封样袋上双方签字并注明品种名称和购买日期，以便对种子质量进行跟踪。

（四）小麦种子发芽率简易试验

从种子中随机取出300～500粒，每100粒放置于一铺盖吸水纸（可用纸巾代替）的浅盘中，籽粒要均匀散开，然后加入清水使吸水纸充分吸水，之后将浅盘进行遮光放置于室内（室温20℃左右），之后经常补充水分，防止落干。3d后记载种子的发芽势，7d后计算种子的发芽率（附图1）。

发芽势（%）=（3d内发芽的种子粒数/供试种子粒数）×100

发芽率（%）=（7d后发芽的种子粒数/供试种子粒数）×100

如果发芽率过低则需要请专业人员二次鉴定以判断种子是否合格。

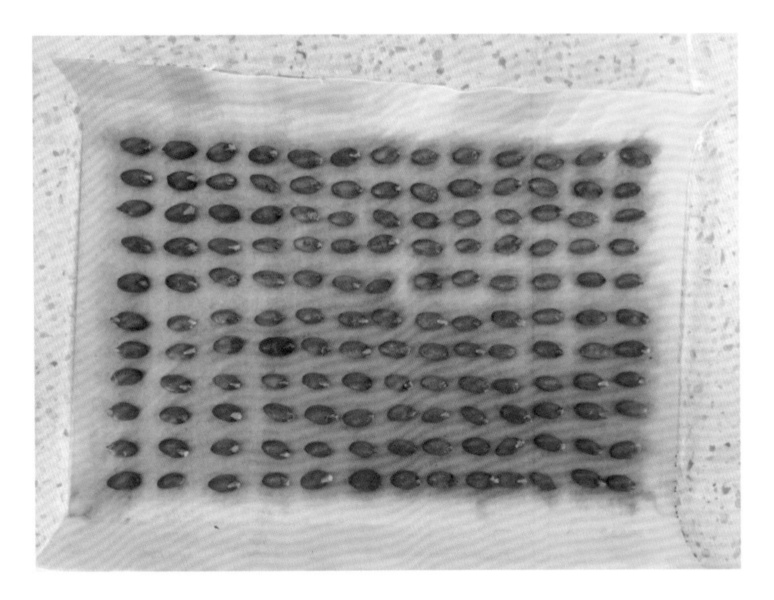

附图1　测发芽率（20℃室温，第二天）

（五）小麦种子包衣

小麦种子包衣，就是通过特殊的技术工艺，将含有杀虫剂，灭菌剂、多种微肥、植物生长调节剂和成膜剂等加工制成的药肥复合型药剂，均匀地覆盖在小麦种子表面，形成种衣膜（附图2）。小麦种子包衣后，可提高种子发芽率和成芽率，促进幼苗发育。植物生长调节剂，可以满足小麦种子发芽生长所需养分，促进幼苗早发和苗齐苗壮，根系发达，叶色浓绿，分蘖力强，一般情况下都表现出较好的增产效果。

附图2 包衣的小麦种子

据试验，同一品种的种子包衣比不包衣亩可增产5%左右。可减少苗期病虫害发生。种衣剂内含杀虫剂、灭菌剂等农药，经成膜剂固定后，在种子周围形成一层保护膜，既能杀死种子内带菌，又能防止种子外病菌进入膜内。同时由于包衣种子的药效释放速度比较缓慢，药效期一般可达40～60d，是浸种或拌种药效期的3～5倍，可以有效地控制金针虫、叶蝉、蚜虫等害虫对小麦苗期的为害，同时还可预防小麦黑穗病、黑胚病的发生，降低发病率。

包衣时间的掌握上，包衣应及早进行，最晚必须在播种之前提前15d将种子包衣备用，否则包衣容易脱落，效果较差，不利于种衣膜固化牢固；但也不宜过早，否则种子包衣药剂挥发，作用降低。

防止假冒伪劣种子。由于种子包衣所需机械投资较大，且包衣种子费工费时，所以目前包衣种子一般由资金比较雄厚的种业公司或制种单位加工生产，而个体生产者和经营者一般尚不具备种子包衣实力，平常以销售“白种”为主。农民在购种时如果只购经过包衣的小麦种子，既可以避免购买假冒伪劣种子，又可以保证地下种子质量。

小麦种子包衣剂可用3%敌委丹（苯醚甲环唑）、2.5%适乐时（咯菌腈）、6%立克秀（戊唑醇）、4.8%顶苗新（甲霜·种菌唑）、10%健壮（氟环·咯·苯甲）等悬浮种衣剂。

附录9 选购农资知识

要从正规渠道购买，农技推广部门推荐、农资部门、供销社系统及其下设的经营网点等销售单位证照齐全，属合法经营单位，农资质量相对较好。

购买时注意查看主要农作物有没有《种子生产经营许可证》《农药经营许可证》和《营业执照》，了解是否合法经营。

不要轻信广告的夸大宣传。

没有品种审定编号的主要农作物种子，没有登记证号的农药、肥料产品不能购买。

不要购买和使用剧毒、高毒农药产品。

学会鉴别。选购化肥应尽量选用国内、省内知名品牌，出现问题便于追究和索赔；不要一味追求低价产品；选择有“三证”即登记证号、执行标准、生产许可证的产品；必要时查看检验报告、登记证明。小麦绿色种植中应尽量选用带绿色环保标识的肥料（附图3）。

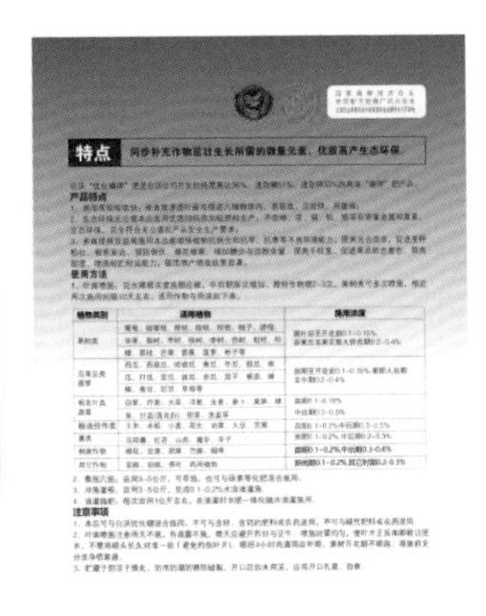

附图3 带有绿色环保标识的某类型肥料

农药制剂和有效成分用量知识。比如三唑酮有15%、20%乳油和15%、25%可湿性粉剂等多种剂型，一般标签中使用的量为制剂量，而有效成分使用量则为制剂量×相应剂型百分比。比如每亩使用25%三唑酮可湿性粉剂60g，折合三唑酮有效成分就是15g。

查看标签上的农药有效成分，在实际生产中，有的种植户花钱买了几种药，但主要成分却是一样，只不过是商品名不同，如果买回的几种药混用，既增加了成本，又加大发生药害的可能性。如下图两款除草剂，商品名不同但有效成分和除草效果是一致的（附图4）。

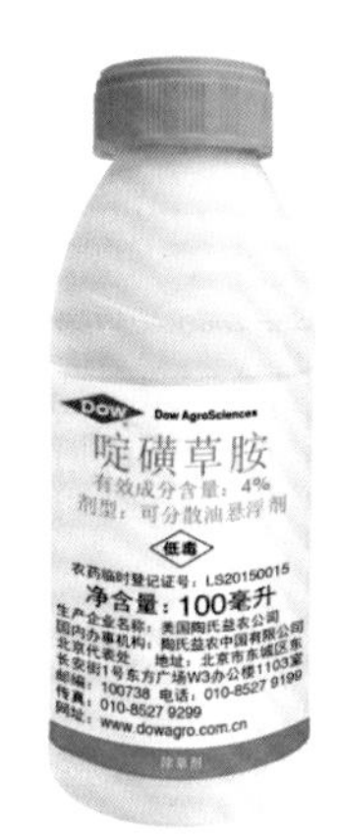

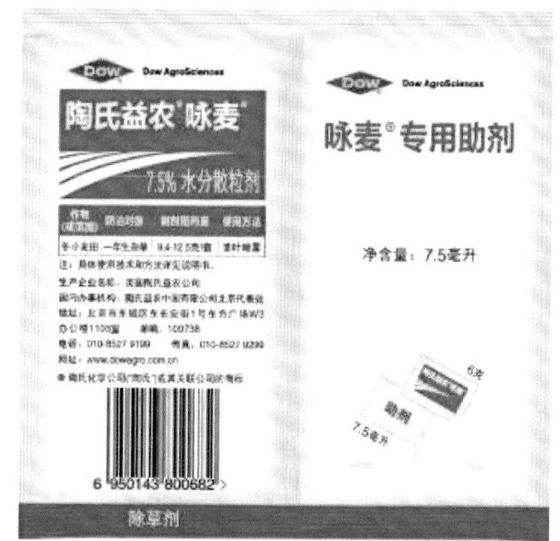

附图4　有效成分为啶磺草胺：商品分别是咏麦和优先

除农田长期使用，有国家或行业标准的肥料免于登记外，其他肥料产品都需经过省（自治区、直辖市）或国家登记，国家登记证号查询网站为农业农村部种植业管理司（http：//www.zzys.moa.gov.cn/）（附图5）。

附图5　农业农村部种植业管理司肥料登记信息查询

以陶氏益农产品为例，进入网站后可以查询如下结果（附图6）。

附图6　肥料登记信息查询

农药登记信息可在中国农药信息网进行查询（http：//www.chinapesticide.org.cn/）；进入网站后点击：数据中心—登记信息即可查询相关信息（附图7）。

附图7　农业农村部农药检定所农药管理官方网站

以美国陶氏益农公司为例，在厂家名称处输入“陶氏”、农药类别处输

入“除草剂”、作物名称处输入“小麦”可以查询到登记证号（点击后可看到标签）、登记名称、剂型等信息（附图8）。

农药登记数据

登记证号：		农药名称：		登记证持有人：	陶氏
省份：		农药类别：	除草剂	总有效成分含量：	
剂型：		作物/场所：	小麦	防治对象：	
施用方法：		毒性：			
有效成分1：		英文1：		含量1：	
有效成分2：		英文2：		含量2：	
有效成分3：		英文3：		含量3：	
有效起始日：		至：			
有效截止日：		至：			

单剂 ☐　混剂 ☐　包括已过有效期产品： ☐　查询

登记证号	农药名称	农药类别	剂型	总含量	有效期至	登记证持有人
PD20183592	氟氯·氯氟吡	除草剂	乳油	40%	2023-8-20	美国陶氏益农公司
PD20181254	啶磺·氟氯酯	除草剂	水分散粒剂	20%	2023-3-15	美国陶氏益农公司
PD20171919	啶磺草胺	除草剂	可分散油悬浮剂	4%	2022-9-18	美国陶氏益农公司
PD20171063	双氟·滴辛酯	除草剂	悬乳剂	459克/升	2022-5-31	陶氏益农农业科技（江苏）有限公司
PD20161266	双氟·氟氯酯	除草剂	水分散粒剂	20%	2021-9-18	美国陶氏益农公司
PD20160931	双氟·氯氟吡	除草剂	悬乳剂	15%	2021-7-27	美国陶氏益农公司
PD20150435	2甲·双氟	除草剂	悬乳剂	43%	2025-3-20	美国陶氏益农公司
PD20120015	啶磺草胺	除草剂	水分散粒剂	7.5%	2022-1-6	美国陶氏益农公司
PD20070359	唑嘧磺草胺	除草剂	水分散粒剂	80%	2022-10-24	美国陶氏益农公司
PD20070112	双氟·唑嘧胺	除草剂	悬浮剂	175克/升	2022-4-27	美国陶氏益农公司
PD20070111	双氟·唑嘧胺	除草剂	悬浮剂	58克/升	2022-4-27	美国陶氏益农公司
PD20060027	双氟磺草胺	除草剂	悬浮剂	50克/升	2021-1-9	美国陶氏益农公司
PD20060012	双氟·滴辛酯	除草剂	悬乳剂	459克/升	2021-1-9	美国陶氏益农公司
PD148-91	氯氟吡氧乙酸	除草剂	乳油	200克/升	2021-11-29	美国陶氏益农公司

附图8　农药登记信息查询结果

附录10 新疆农科院额敏综合试验示范基地简介

新疆农科院额敏综合试验示范基地、新疆小麦育种家额敏基地是新疆农业科学院在北疆布局重点建设的农业科技创新活动的重要平台与载体，是农业科技成果转化基地与辐射源。2014年在额敏县委、县人民政府大力支持下，划定原额敏县设施农业区2 000亩国有土地作为新疆农科院农业科研基地，至此小麦育种家塔城基地正式从塔城市迁至额敏县，并更名为“新疆农科院小麦育种家额敏基地”，同年新疆农业科学院与额敏县签订院县共建协议后并称“新疆农科院额敏综合试验示范基地”；2016年6月24日被人力资源和社会保障部设立为“新疆维吾尔自治区农科院额敏综合示范基地”（以下简称基地）（附图9）。基地是在新疆农业科学院领导下，由新疆农业科学院粮食作物研究所具体牵头，各相关研究所参与的新疆农业科学院北疆重要的综合性试验示范基地（简称新疆农科院额敏基地）。

附图9 国家级专家服务基地

针对额敏县小麦良种覆盖率低等问题，每年优选冬春小麦单穗10万余穗用于小麦“三圃田”种植（附图10，附图11），对主栽小麦品种进行提纯复壮，年生产出的小麦原种经扩繁后可满足30万亩小麦良种需求。每年承担自治区冬春小麦区试、生产试验，客观评价新品系在额敏生态条件下的表现。另外基地每年引种冬春小麦300余份，通过近几年的比较筛选，力争3～5年筛选选育出适宜塔额盆地的冬春小麦新品种各一个，加速额敏小麦种植品种的更新换代。通过产学研、农科教、育繁推有机结合，近年来在额敏直接实施科研项目9项，间接实施20余项，包含中央农业技术推广项目、科技兴新项目、农业部产业技术体系项目等450万余元，后续基地也将积极申报各类农业项目落地额敏，通过这些项目的实施加快额敏农业科技成果转化，新品种、新技术优先在额敏试验示范及应用。

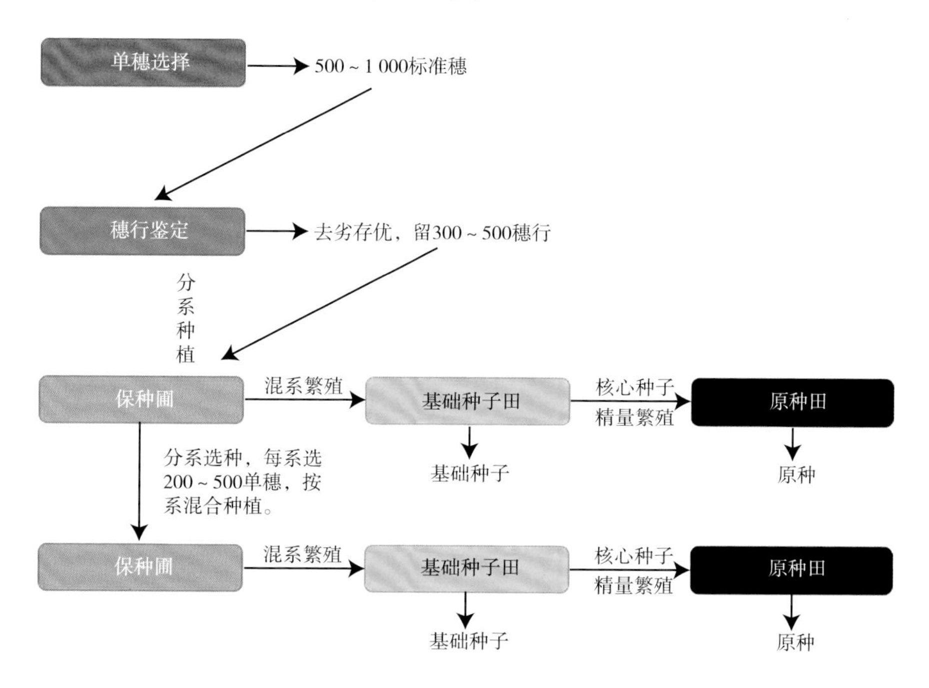

附图10　小麦育种家额敏基地的原种的生产流程

附图11　小麦穗系播种

通过近几年努力，额敏县主栽冬春小麦品种80%为新疆农业科学院选育或繁育（新冬18号、新冬22号、新春37号、新春44号、永良15号、宁春16号等），且品种布局更加优化，优质小麦播种面积进一步增加，额敏县“优质麦粮仓”的美誉名声远扬。基地依托现有资源并积极与种业公司和农民合作社合作建立良种繁育基地，并辐射至阿勒泰、博州等地州（当前基地已成为塔城地区、阿勒泰地区、博州冬春麦品种较为齐全的原原种、原种生产核心区）。

在小麦高产高效栽培技术集成示范方面，同县农业部门共同协作，力争到2021年使种植户的小麦良种覆盖率达到90%以上，亩均用种量减少5kg，农药、肥料使用零增长，单产提升5%～8%。

参考文献

韩召军，2001. 植物保护学通论[M]. 北京：高等教育出版社.

林玉柱，马汇泉，苗吉信，2012. 北方小麦病虫草害综合防治[M]. 北京：中国农业出版社.

全国农业技术推广服务中心，2001. 春小麦测土配方施肥技术[M]. 北京：中国农业出版社.

全国农业技术推广服务中心，2011. 冬小麦测土配方施肥技术[M]. 北京：中国农业出版社.

王荣栋，尹经章，1997. 作物栽培学[M]. 乌鲁木齐：新疆科技卫生出版社.

吴锦文，陈仲荣，陆有广，1988. 新疆的小麦[M]. 乌鲁木齐：新疆人民出版社.

于振文，2006. 小麦产量与品质生理及栽培技术[M]. 北京：中国农业出版社.

杨平华，2008. 粮食作物病虫草害防治新技术[M]. 成都：四川科学技术出版社.

姚金芝，2013. 现代小麦种植与病虫害防治技术[M]. 石家庄：河北科学技术出版社.

张福锁，陈新平，陈清，等，2009. 中国主要作物施肥指南[M]. 北京：中国农业大学出版社.

赵广才，2014. 小麦高产创建[M]. 北京：中国农业出版社.

Duveiller E，Singh P K，Mezzalama M，et al.，2012. Wheat Diseases and Pests：a guide for field identification（2nd Edition）[M]. Mexico：CIMMYT.

Julie White，Jan Edwards，2007. Wheat growth & development[M]. State of New South Wales：NSW Department of Primary Industries.